BIG HISTORY:
THE CARBON CHRONICLE

BIG HISTORY:
THE CARBON CHRONICLE

탄소와 인간,
그 오래된 동행

기원과 종말을 잇는 138억 년의 비밀 코드

탄소와 인간, 그 오래된 동행

김서형 지음

들어가며

탄소,
우주에서 문명까지의 연대기

 우주를 구성하는 수많은 원소 중에서 인류의 기원, 문명, 그리고 미래를 설명할 수 있다면 그것은 바로 탄소(Carbon)일 것이다. 눈에 보이지 않는 이 작은 원소는 별의 심장에서 태어나 생명의 토대를 이루고 인간의 문명을 일으켰다. 그리고 지금은 지구 환경의 위기를 상징하는 존재가 되었다.

 이 책은 '탄소'라는 원소를 통해 우주의 시작부터 생명의 탄생, 문명의 발전, 인류가 마주한 기후 위기까지를 아우르는 거대한 흐름을 추적하는 지적 여정이다. 과학 지식을 단순히 나열하지 않고 천문학, 지질학, 생물학, 역사, 철학을 넘나들며 통합적이고 서사적인 관점에서 탄소 이야기를 풀어낸다.

 탄소는 별의 중심부에서 핵융합을 통해 생성된다. 수소와 헬륨만 존재하던 초기 우주에서 별은 자신을 태우며 점차 무거운 원소를 만들어내고, 그 생을 마감하며 폭발 속에 탄소를 우주로 퍼뜨렸다. 이 잔해가 다시 모여 새로운 별과 행성을 만들었고 그중 하나가 바로 지구다. 우리 몸을 구성하는 탄소는 수십억 년 전 어떤 별의 심장에서 태어났고, 지금은 인간이라는 존재 안에서 생각하고 창조하며 다시 우주의 기원을 질문하고 있다.

 지구상에서 탄소는 생명의 중심에 있다. 모든 생명체는 탄소화합물로 이루어져 있으며, 탄소는 DNA, 단백질, 지방, 탄수화물 등 생명 유지에 필요한 분자의 핵심 구성 요소다. 이처럼 탄소는 생명의 보편 언어라 할 수 있다. 또한 인류는 탄소를 통해 에너지를 얻어 문명을 일구었다. 목탄에서 석탄, 석유, 천연가스로 이어지는 화석연료의 시대는 인간의 삶을 풍요롭게 했지만 동시에 기후 위기의 원인을 제공했다.

 오늘날 우리는 '탄소중립' '탄소세' '탄소발자국' 같은 표현에 익숙하다. 탄소는 이제 단순한 원소를 넘어 정치적·경제적·윤리적 결정의 중심에 서 있다. 따라서 우리는 탄소를 다시 들여다봐야 한다. 이는 그저 기술이나 환경의 문제가 아니라 인간과 자연의 관계를 재정의하는 문제이며 '미래 세대에게 어떤 지구를 물려줄 것인가'에 대한 철학적 성찰이기도 하다.

필자는 이 거대한 질문에 답을 찾아내고자 한다. 이 책은 별의 탄생에서부터 삼중 알파 과정을 통해 탄소가 만들어지는 과정을 설명한다. 그리고 조선의 「세종실록」에 등장하는 객성과 쌍성 기록을 통해 과거 인류가 하늘을 어떻게 해석했는지, 그리고 현대 과학이 어떻게 탄소의 기원을 탐색하고 있는지를 교차해서 보여준다. 탄소는 물리적 성분인 동시에 인문학적 사유의 대상이기도 하다.

우리는 탄소의 순환 속에 있다. 별이 만들어낸 탄소로 생명이 태어나고 생명이 다시 탄소를 남기며 소멸한다. 그리고 그 잔해는 또 다른 생명의 시작이 된다. 이 순환은 단절되지 않는다. 숨 쉬게 하는 공기, 마시는 물, 먹는 음식, 그리고 우리가 남기는 모든 흔적 속에 탄소는 존재한다.

이 책이 독자 여러분에게 단순한 과학서로만 그치지 않고 자연과 인간, 과거와 미래를 연결 짓는 사유의 통로가 되기를 바란다. 그리고 이 책을 통해 탄소라는 작은 원소 속에 담긴 거대한 우주의 이야기를 함께 읽어가기를 희망한다.

김서형

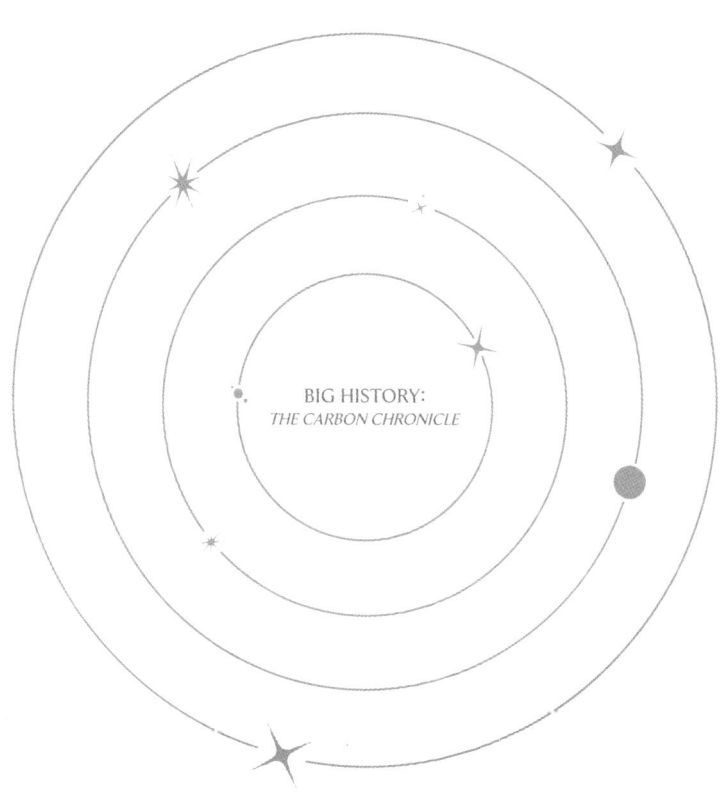

BIG HISTORY:
THE CARBON CHRONICLE

차례

들어가며 탄소, 우주에서 문명까지의 연대기 ・4

+ 1장
# 별의 탄생부터 생명의 기원까지

맨해튼 프로젝트와 수소폭탄 ・15
별의 심장, 핵융합의 시작 ・19
황소자리부터 적색거성까지 ・23
우주에서 탄소가 탄생한 기적의 순간 ・28
별의 죽음과 생명의 씨앗 ・32
조선의 하늘과 현대 천문학 ・37
하늘에서 온 불길한 징조, 생명의 기원 ・42

+ 2장
탄소의 순환과 생명으로 가는 길

우리은하의 탄생과 태양계의 진화 ・51
태양계 행성들이 들려주는 이야기 ・55
카이퍼 벨트와 오르트 구름의 비밀 ・61
마그마 바다에서 산소 대변화까지 ・67

+ 3장
생명체 탄생의 골디락스 조건

과학, 상상 그리고 탄소 ・77
큐리오시티에서 제임스 웹까지 ・83
신화에 담긴 탄소의 비밀 ・89
심해 열수구와 최초의 생명체 ・94
탄소는 어떻게 세포를 설계했는가? ・98
생명의 첫 식사로서의 탄소 ・103
초대륙의 탄생과 탄소의 연금술 ・107
탄소 폭증이 부른 지구의 비극 ・112

+ 4장
탄소, 인류 문명을 이야기하다

탄소, 시간의 기록자가 되다 • 121
탄소에 새겨진 인류 최초의 이야기 • 126
전설에서 역사로의 탄소 연대기 • 133
신성한 소와 문명의 탄소 연대기 • 137
신화와 과학, 옥수수의 두 얼굴 • 144
설탕 제국주의와 탄소 순환의 대전환 • 149

+ 5장
소빙기와 석탄, 그리고 유럽의 부상

소빙기와 '여름이 없는 해' • 159
탄소 빈곤과 인류의 위기 • 164
탄소 순환의 붕괴가 낳은 집단 공포 • 169
기후 위기의 원인이 된 고대 식물 유산 • 173
에너지 전환과 탄소 순환의 변화 • 176
석탄, 증기기관 그리고 산업의 시대 • 180
탄소 기반 제국주의의 서막 • 186

+ 6장
탄소중립 시대와 미래 문명 설계

성장의 한계, 로마클럽의 경고 •195
불편한 진실, 기후 위기 고발 •199
자연의 균형에서 인위적 불균형으로 •204
기후 위기 시대의 새로운 게임의 규칙 •209
저탄소 녹색성장과 탄소중립 •215

+ 7장
탄소, 우주를 향한 열쇠

우주 시대의 설계자, 탄소 •223
우주 시대 생명의 연결 고리 •229

나가며 별의 먼지에서 인류 문명으로, 탄소의 순환 •236

1장

별의 탄생부터
생명의 기원까지

맨해튼 프로젝트와 수소폭탄

제2차 세계대전 당시, 나치 독일이 우라늄 유통을 중단하자 미국은 이를 핵무기 개발의 신호로 판단했다. 이에 미국 대통령 프랭클린 루스벨트(Franklin Roosevelt)는 미국과 유럽을 보호하기 위해 핵무기 개발 프로젝트를 승인했다. 이 계획은 극비리에 진행되었고, '맨해튼 프로젝트(Manhattan Project)'라는 이름으로 불리며 세계 최초로 핵분열 반응을 이용한 원자폭탄 개발에 성공했다.

핵분열은 하나의 무거운 원자핵이 중성자 또는 감마선에 의해 자극받아 더 작은 원자핵으로 분열하면서 막대한 에너지를 방출하는 반응이다. 예를 들어 우라늄과 같은 무거운 원자핵이 중성자를 흡수하면 핵이 불안정해지면서 2개 이상의 작은 원자핵과 다수의 중성자로 나뉜다. 이 과정에서 질량 일부가 에너지로 전환되며 방출된 중성자들은 다시 다른 원자핵에 충돌해 연쇄적으로 핵분열을 일으킨다. 이러한 연쇄반응이 원자폭탄의 폭발 원리다.

1945년 7월 16일, 미국은 뉴멕시코주 앨라모고도에서 세계 최초로 핵실험을 실시했다. 폭발로 인해 버섯구름이 10km 이상 치솟았고, 200km 이상 떨어진 지역에서도 밝은 빛이 관측되었다. 이후 개발된 원자폭탄은 히로시마와 나가사키에 각각 투하되었다. 결국 일본은 무조건 항복을 선언하면서 제2차 세계대전은 종식되었다.

맨해튼 프로젝트에 참여했던 과학자들은 전쟁 후 서로 다른 반응을 보였다. 죄책감을 느낀 이들도 있었고, 전쟁 종식을 위해 불가피한 선택이었다고 믿는 이들도 있었다. 오히려 더 강력한 무기를 개발해야 한다고 주장하는 이들도 있었다. 전쟁은 끝났지만 세계는 곧 미국과 소련 간에 냉전 체제로 접어들며 군비 경쟁이 본격화되었다.

나치의 박해를 피해 미국으로 망명한 유대계 물리학자 에드워드 텔러(Edward Teller)는 원자폭탄보다 훨씬 강력한 수소폭탄을 개발해야 한다고 강력하게 주장했다. 1950년, 미국은 공식적으로 수

+++ 세계 최초의 핵실험

소폭탄 개발을 선언했다. 그 배경에는 맨해튼 프로젝트에 참여했던 소련 스파이 클라우스 푹스(Klaus Fuchs)가 미국의 핵 기밀을 소련에 넘겨 소련의 핵무기 개발을 도운 사건이 영향을 미쳤다.

1952년 10월 31일, 태평양 에네웨타크 환초의 일루겔럽 섬에서 최초의 수소폭탄 실험을 실시했다. '아이비 작전(Operation Ivy)'이라고 불린 이 실험은 인류 역사상 가장 강력한 핵폭발이었다. 폭발 직후 직경 2km 이상의 화구가 형성되었고, 섬 일부는 바닷속으로 사라졌다.

핵융합은 2개의 가벼운 원자핵이 충돌해 더 무거운 원자핵으로 변환되며 에너지를 방출하는 반응이다. 원자핵은 모두 양전하를 띠고 있으므로 서로 가까워지면 척력(斥力)이 작용해 밀어낸다. 그러나 초고온 상태에서는 원자핵의 운동에너지가 이 척력을 이겨내고 충돌이 가능해진다. 이때 작용하는 강한 핵력(인력, 引力)에 의해 두 원자핵이 결합해 하나의 무거운 원자핵이 된다.

그 결과, 핵분열 원리를 이용한 원자폭탄보다 수소폭탄이 훨씬 강력할 수밖에 없다. 이는 자연의 힘을 활용한 인류의 과학기술이 얼마나 파괴적인 결과를 초래하는지 잘 보여준다.

별의 심장, 핵융합의 시작

핵융합은 매우 높은 온도와 에너지를 필요로 하는 반응이다. 원자는 중심의 양성자와 중성자로 이루어진 원자핵과 그 주위를 도는 전자로 구성된다. 외부에서 에너지가 가해지면 가장 바깥의 전자부터 차례로 떨어져 나가고, 결국 모든 전자가 이탈하면 양전하를 띠는 원자핵만 남는다. 이러한 상태를 플라스마(Plasma)라고 한다.

플라스마 상태는 별의 중심핵에서 자연스럽게 형성되며 이곳에서 핵융합 반응이 일어난다. 별 내부의 중력은 전자기력이나 강한 핵력에 비해 훨씬 약하지만, 별 자체가 가진 거대한 질량으로 인해 충분한 압력을 만들어낸다. 그 결과, 중심핵은 극도로 압축되며 온도가 상승하고 핵융합이 가능한 조건이 갖추어진다.

138억 년 전, 우주는 빅뱅(Big Bang)에서 시작되었다. 초기의 우주는 매우 높은 온도였으나 시간이 지나 팽창하면서 점차 식어갔다. 쿼크(Quark)와 같은 기본 입자들이 결합해서 양성자와 중성자가 형성되었고, 여기에서 수소 원자핵이 생겼다. 빅뱅 후 약 3분이 지나자 2개의 양성자와 2개의 중성자가 결합해 헬륨 원자핵이 만들어졌다. 약 38만 년이 지나 수소 원자핵과 전자가 결합해 중성 수소 원자가 탄생했다.

당시 우주는 전체적으로 균일했지만 미세한 온도 차이 때문에 밀도의 불균형이 발생했다. 이로 인해 중력이 특정 지역의 물질을 더 많이 끌어모았고, 거대한 가스 구름이 형성되었다. 이 구름은 주로 수소, 헬륨, 먼지 입자로 구성되었는데, 이를 '성운'이라 부른다. 바로 별의 탄생지다.

성운 내부에서 중력이 작용해 물질이 수축되고 가열되면서 온도와 압력이 점점 높아진다. 이때 중심부에 원시별(Protostar)이 형성된다. 원시별은 전주계열성(Pre-main Sequence)으로 진화하고, 중력에 의해 낙하하는 물질의 위치에너지는 열에너지로 전환된다. 질량이 커지면서 중력도 강해지고 주변의 가스와 물질을 더 많이 끌어당긴다. 그리고 중심부의 온도가 1천만 K에 도달하면 수

+++ 카리나 성운의 '신비의 산'

소 핵융합 반응이 시작된다. 이는 별이 스스로 빛을 내기 위한 가장 기본적인 반응이다.

수소는 하나의 양성자와 하나의 전자로 구성되어 있다. 플라스마 상태에서는 전자가 이탈하고 양성자만 남는다. 양성자가 서로 충돌하면서 에너지를 얻는데, 일부 양성자가 에너지를 흡수하면서 불안정한 상태로 전환된다. 그 결과, 베타붕괴가 일어나면서 양성자는 중성자로 바뀌고, 동시에 양전자가 방출된다. 이렇게 생성된 중성자와 양성자가 결합해 중수소 원자핵을 형성한다. 중수소는 또 다른 양성자와 결합해 헬륨-3(He-3)을 만들고, 이 과정을 반복하면서 최종적으로 헬륨-4(He-4)가 생성된다.

핵융합을 통해 생성된 에너지와 복사압은 중력과 균형을 이루어 별이 자체 중력에 의해 붕괴되지 않도록 유지한다. 이러한 균형 덕분에 별은 안정된 상태로 수억 년에서 수천억 년까지 빛을 낼 수 있다.

초기 우주에는 수소와 헬륨만 존재했지만 별 내부의 핵융합 반응을 통해 더 무거운 원소들이 형성되었다. 이 원소들은 초신성 폭발 등으로 우주에 다시 퍼져 다른 성운을 만들고, 새로운 별이 탄생할 수 있는 재료가 된다.

황소자리부터
적색거성까지

하늘을 따라 태양이 이동하는 경로를 기준으로 하늘을 12등분한 별자리를 '황도(黃道) 12궁'이라고 부른다. 황도는 천구상에서 태양이 1년 동안 지나는 길을 의미한다.

고대인들은 하늘을 관찰하면서 시간과 계절, 그리고 자신의 위치를 가늠했다. 특히 태양, 달, 행성과 같은 밝은 천체에 주목했다. 이들 천체는 대부분 황도에 근접한 궤도를 따라 움직였기 때문에 사람들은 자연스럽게 황도 주변의 별자리에 관심을 가졌다. 그중 가장 먼저 설정된 별자리가 황소자리다.

황소자리는 그리스 신화의 에우로페(Europe) 이야기와 밀접한 관련이 있다. 신화에 따르면, 제우스(Zeus)는 꽃을 따던 페니키아의 공주 에우로페를 보고 한눈에 반한다. 제우스는 그녀에게 접근하기 위해 흰 황소로 변신하고, 에우로페가 그 등에 올라타자 크레타로 데려가 버린다. 에우로페는 제우스와의 사이에서 세 아들을 낳았고, 훗날 크레타 왕 아스테리오스(Asterios)의 아내가 되었다. 죽은 후 신격화된 에우로페와 함께, 제우스가 변신했던 황소도 하늘로 올라 황소자리가 되었다고 전해진다.

황도 12궁에 대한 최초의 기록은 그리스가 아닌 기원전(BCE) 4천 년경, 수메르 문명에서 시작되었다. 수메르인은 하늘을 12개의 구역으로 나누어 밤하늘을 체계적으로 관찰했다. 이 중 두 번째 자리에 해당하는 황소자리는 농경과 노동, 힘의 상징으로 여겨졌다.

수메르의 별자리 체계는 농사의 시기 결정, 제례, 왕의 즉위식, 전쟁 개시 등 사회적·종교적인 결정에 직접 활용되었다. 이후 이 지식은 바빌로니아, 이집트, 그리스로 전파되어 오늘날 황도 12궁의 기초가 되었다.

특히 황소자리는 밤하늘에 밝게 빛나는 별자리에 속한다. 그 중심에 있는 별이 바로 알파성 알데바란(Aldebaran)이다. 알파성이라는 명칭은 독일의 천문학자 요한 바이어(Johann Bayer)가 개발한 별 이름 체계에서 유래한 것으로, 각 별자리에서 가장 밝은 별에

+++ 티치아노, 〈에우로페의 납치〉, 1560~1562년

'알파(α)'라는 문자를 붙이는 방식이다.

그런데 바이어가 활동하던 시기에는 별의 밝기를 정밀하게 측정할 수가 없었다. 이 때문에 별의 밝기를 1~6등급으로 나누고, 밝기가 비슷한 경우에는 가시성을 기준으로 알파성을 정하기도 했다. 예를 들어 오리온자리의 알파성은 베텔게우스(Betelgeuse)지만 실제로는 베타성인 리겔(Rigel)이 더 밝게 보인다.

알데바란은 지름이 약 6천만 km로, 태양의 약 45배 크기를 가진 거대한 별이다. 밝기도 태양의 600배에 달한다. 이렇게 밝고 거대한 이유는 별의 핵 외곽 수소층에서 핵융합 반응이 가속화되며 별 전체가 팽창했기 때문이다. 별의 외피가 팽창하면서 중력이 약해지고 표면온도는 내려가 붉은색을 띠게 되는데, 이런 별을 적색거성(Red Giant)이라 부른다.

별의 진화 과정은 헤르츠스프룽 - 러셀 도표(HR; Hertzsprung - Russell Diagram)로 설명된다. 이 도표는 별의 절대등급(밝기)과 표면온도(색깔) 사이의 관계를 나타낸다. 일반적으로 온도가 높고 밝은 별은 도표의 왼쪽 위, 온도가 낮고 어두운 별은 오른쪽 아래에 위치한다. 대부분의 별은 도표상의 주계열(Main Sequence)에 분포한다. 이 단계의 별은 중심핵에서 수소를 헬륨으로 융합하며 에너지를 생산한다. 주계열 단계를 지난 별들은 적색거성가지(RGB; Red Giant Branch)로 진입하며 이후 중심핵에서 헬륨 핵융합이 시작되면 수평가지(HB; Horizontal Branch)에 위치한다.

알데바란은 적색거성가지에 위치한 대표적인 별이다. 적색거성가지는 태양 정도의 질량을 가진 별이 주계열을 벗어난 후 진입하는 진화 단계다. 중심핵이 수축하면서 바깥 껍질에서 수소 핵융합이 발생한다. 그러나 중심핵이 헬륨으로 가득 차면 수소 핵융합 반응이 불가능해져서 겉 부분이 팽창하고 온도가 낮아져, 밝고 붉은색을 띤 거성이 된다.

별의 중심핵 온도가 약 1천만 K에 도달하면 수소는 헬륨으로 융합되기 시작한다. 이 과정이 반복되면서 중심부에는 헬륨이 점차 축적된다. 헬륨은 수소보다 밀도가 높아 별의 중력을 강화하고, 그 결과 별은 더욱 압축된다. 이 압축은 핵융합 속도를 높이고, 별은 이를 견디기 위해 더 높은 온도가 필요하다.

수소를 거의 다 소모한 별은 중력붕괴를 막을 내부 압력을 잃게 되며 중심 온도가 1억 K 이상에 도달하면 헬륨 핵융합이 본격적으로 시작된다. 이러한 과정을 통해 알데바란의 중심핵에서는 헬륨 핵융합 반응이 진행 중이다.

우주에서 탄소가 탄생한 기적의 순간

수평가지는 태양과 비슷한 질량의 별이 적색거성 단계를 지난 후 도달하는 진화 단계다. 별이 적색거성가지의 가장 윗부분에 이르면 별의 중심핵에 축적된 헬륨이 핵융합 반응을 시작한다. 이는 별의 내부 구조를 크게 변화시켜 별의 밝기가 감소하고 크기도 수축하지만 표면온도는 상승한다. 이후 중심핵의 헬륨을 모두 사용하면 다시 진화해서 비대칭거성이나 백색왜성으로 진화한다.

수평가지에서 발생하는 핵융합의 특징은 헬륨을 탄소로 바꾸는 '삼중 알파 과정(Triple Alpha Process)'이라는 점이다. 삼중 알파

삼중 알파 과정

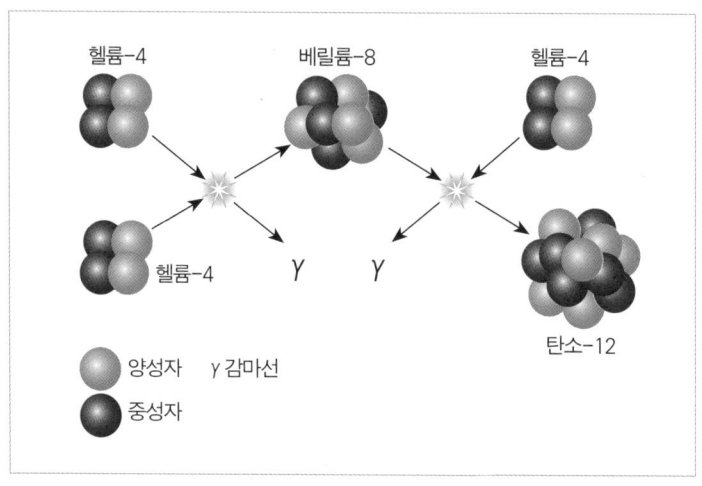

과정은 3개의 헬륨-4가 고온 및 고밀도에서 하나의 탄소-12(12C)로 융합되는 핵융합 반응을 의미한다. 이 과정은 별이 진화하는 두 번째 단계로, 수소 핵융합 반응이 끝난 후 중심에 축적된 헬륨이 핵융합 반응을 시작하면서 발생한다.

삼중 알파 과정이 발생하기 위해서는 여러 가지 조건이 필요하다. 우선 중심핵의 온도가 1억 K 이상으로 매우 높아야 하고, 중심 밀도 역시 매우 높아야 한다. 이는 헬륨 원자핵 간에 발생하는 척력이 강해서 그렇다. 이와 같은 척력을 극복하고 원자핵이 서로 융합하기 위해서는 매우 높은 열운동 에너지가 필요하다.

삼중 알파 과정은 크게 2단계에 걸쳐 진행된다. 첫 번째 단계에서는 2개의 헬륨-4가 결합해서 베릴륨-8(8Be)을 생성한다. 그러나 베릴륨-8은 매우 불안정해서 아주 짧은 시간 내에 다시 2개의 헬륨-4로 붕괴해버린다. 별의 중심에는 헬륨 원자핵에 많아, 두 번째 단계에서 세 번째 헬륨-4가 베릴륨-8과 융합해서 안정적인 탄소-12를 만든다. 삼중 알파는 헬륨 3개가 모여 탄소를 생성한다는 의미로, 별 내부에서 자연적으로 탄소를 생성하는 유일한 방법이다.

삼중 알파 과정을 반복하면 별의 중심핵에는 탄소가 축적된다. 별의 질량이 크다면 중심핵의 온도는 더 높아져서 탄소와 헬륨이 결합해 산소가 만들어지지만, 태양과 비슷하거나 작은 질량의 별은 삼중 알파 과정까지만 거쳐 탄소핵을 남기고 백색왜성으로 진화한다.

백색왜성은 태양 질량의 8배 이하에 해당하는 별이 수명을 다하고 남은 고밀도 잔해를 의미한다. 별의 중심에서 핵융합 반응이 끝나 껍질은 날아가버리고, 뜨겁고 작은 핵만 남는다. 이후 수십억 년에서 수천억 년에 걸쳐 식으면서 점점 어두워진다.

별의 중심핵에서 탄소-12가 생성될 수 있는 이유는 무엇일까? 베릴륨-8과 헬륨-4의 결합 에너지가 탄소-12와 거의 일치해서 그렇다. 과학자는 이를 '공명 상태(Resonance State)'라고 부른다.

공명 상태는 핵융합 반응에서 특정 입자들이 결합할 때 생성될 수 있는 에너지 준위와 입자들의 결합 에너지가 거의 일치하면 반응 확률이 증가하는 상태다. 1953년에 영국 천체물리학자 프레드 호일(Fred Hoyle)이 이를 예측하고, 실험을 통해 에너지 준위가 7.654MeV라는 것을 입증했다.

공명 상태의 에너지 준위와 베릴륨-8과 헬륨-4의 결합 에너지가 일치한다는 것은 매우 중요하다. 우주에서 탄소가 우연히 발생하는 것이 아니라는 사실을 입증하기 때문이다. 빅뱅 직후 우주에서 만들어진 원소는 주로 수소나 헬륨이었다. 그러나 공명 상태의 확인으로 탄소 형성 확률이 증가했다.

탄소는 생명체를 구성하는 핵심 원소다. 4개의 공유결합이 가능해서 유연하고 다양한 분자 구조를 형성할 수 있고, DNA와 단백질, 지방, 탄수화물 등이 모두 탄소 화합물이다. 다시 말해 탄소가 없으면 생명도 없다. 이러한 점에서 공명 상태는 우주에서 생명이 탄생할 수 있는 중요한 골디락스 조건이다.

별의 죽음과
생명의 씨앗

　　북반구의 밤하늘에서 쉽게 찾을 수 있는 별자리를 꼽으라면 카시오페이아(Cassiopeia)자리일 것이다. W자 형태로 배열된 5개의 밝은 별들은 북극성을 중심으로 회전하기 때문에 계절과 관계없이 사계절 내내 관측된다. 이러한 특징 덕분에 고대부터 현대에 이르기까지, 수많은 문화와 전승 속에서 카시오페이아자리는 길잡이로, 신화의 상징으로, 그리고 과학적 탐구의 대상이었다.

　　카시오페이아자리는 육안으로 보이는 별들만을 포함하지 않는다. 이 별자리의 배경에는 수많은 천체가 존재한다. 그중에서도 특히 주목할 만한 것이 있다. 바로 NGC 7799다. 이 천체는 지구에서 약 3억 광년 떨어져 있는 탄소-산소형 백색왜성(Carbon-oxygen White Dwarf)으로, 별의 최종 단계 중 하나이자 우주에 탄소를 남긴 살아 있는 증거이기도 하다. 이 작은 천체 안에는 우주의 화학 진화, 별의 생애, 그리고 생명의 기초 원소인 탄소의 비밀이 응축되어 있다.

별의 생애는 주로 그 질량에 따라 결정된다. 별은 핵융합 반응을 통해 수소와 헬륨, 탄소 등의 원소를 만들고, 이후 에너지를 잃고 점점 수축하면서 결국 진화를 멈추게 된다. 그리고 백색왜성으로 진화한다. 핵융합이 멈춘 이후 중력으로 중심이 붕괴하면 외부가 방출되고, 중심에는 고밀도의 물질이 남는다. 바로 이 중심부가 백색왜성이다.

NGC 7799는 바로 이러한 과정을 거쳐 만들어진 백색왜성이다. 이 천체의 중심에는 과거 별의 내부에서 삼중 알파 과정을 통해 생성된 탄소와 산소가 고밀도로 응축되어 있다. 탄소가 남아 있다는 것은 이 별이 한때 매우 높은 온도와 압력을 견디며 복잡한 핵융합 과정을 거쳤음을 보여준다. 즉 NGC 7799는 현재는 작고 어둡지만 그 내부에는 우주의 원소 진화와 생명의 기원을 품고 있는 '우주의 화석'인 셈이다.

중요한 것은 백색왜성의 존재 자체가 아니다. 이들이 만들어낸 탄소가 다시 우주로 돌아간다는 점이다. 일부 백색왜성은 시간이 지나면서 주변의 물질과 충돌하거나 중력이 불안정해져서 폭발하기도 한다. 이와 같은 과정에서 탄소와 산소는 우주로 다시 흩어지며 성간물질을 구성하는 분자 구름에 섞이게 된다.

분자 구름은 시간이 지나면서 또 다른 별과 행성의 씨앗이 되며, 탄소는 결국 새로운 생명체의 구성 요소가 된다. 즉 별이 남긴 탄소는 다시 새로운 별과 생명의 탄생에 기여하는 순환의 핵심 고리가 되는 것이다. 별의 죽음이 곧 우주의 새로운 시작이라는 말은 결코 시적 표현이 아닌 과학적 사실이다.

NGC 7799는 크기나 밝기 면에서는 주목받지 못할 수 있지만, 그 내부에는 별의 진화사와 탄소의 기원을 담고 있다. 이 백색왜성은 수십억 년 전에 탄생한 별의 마지막 흔적이며, 과거의 복잡한 핵융합 반응을 고스란히 보여주는 천체다. 우리는 이 백색왜성을 통해 탄소는 삼중 알파 과정으로 별의 중심에서 생성된다는 사실, 우주의 탄소는 대부분 이러한 백색왜성이나 초신성 폭발에서 비롯되었다는 사실을 알 수 있다. 이와 같이 NGC 7799는 단순한 잔해가 아니라 탄소가 어떻게 만들어졌고 우주에 어떻게 퍼지게 되었는지를 설명하는 천문학적 증거물이다.

밤하늘을 수놓는 별 하나하나에는 생명과 연결된 놀라운 이야기들이 담겨 있다. 카시오페이아자리는 단지 신화 속 인물의 이름

+++ 키시오페이이지리

만을 간직한 별자리가 아니라, 그 속의 천체들이 우주의 진화와 생명의 기원을 암시하는 우주적 연대기다.

특히 백색왜성인 NGC 7799는 별의 마지막 숨결이자 우주에 생명을 제공할 수 있는 탄소를 전달한 조용한 전달자다.

우리가 존재할 수 있었던 이유, 생명이라는 기적이 가능했던 배경에는 바로 이처럼 보이지 않는 별의 일생과 탄소의 순환이 자리하고 있다.

조선의 하늘과
현대 천문학

『조선왕조실록』은 조선의 총 25대 임금의 통치 기간인 472년 동안 국정 운영, 정치, 사회, 문화, 외교, 군사 등을 일기 형식으로 기록한 역사서다. 총 1,893권으로 구성되어 있으며 세계에서 가장 방대한 왕조 실록 중 하나다. 단순한 연대기가 아니라 유교를 바탕으로 왕의 행적을 기록하고 후세에 교훈을 주기 위한 목적으로 기록되었다. 특히 사관(史官)은 왕 앞에서도 자유롭게 기록하고, 왕일지라도 그 내용을 수정하거나 검열할 수 없었다.

『조선왕조실록』에 자주 등장하는 것이 천문 현상이다. 조선은 유교를 바탕으로 왕도정치를 추구했는데, 천인감응(天人感應)을 매

+++ 2005년 허블 망원경으로 관측한 쌍성 시리우스

우 중요하게 여겼다. 하늘은 도덕적 질서의 근원으로서 절대적 존재이며, 왕은 하늘의 뜻을 받들어 세상을 다스리는 자이므로 인간의 정치적 행위가 하늘에 반응을 일으키고, 하늘은 천문 현상으로 이에 응답한다는 사상이다. 그러므로 천문 현상을 관측 대상을 넘어 도덕적 판단의 근거로 생각했다. '조선의 전례 없는 개혁과 발전을 이끈 성군'이라 평가받는 세종(世宗)도 예외는 아니었다.

「세종실록」 제27권에는 다음과 같은 기록이 등장한다.

> 七月 壬辰 西方有雙星見。諫官言:"雙星見於天, 朝廷有二心之象, 不祥。"上曰:"朕夙夜兢惕, 以德化爲心, 庶幾副天心。"仍命百官各修厥職。

> "7월 7일 임진일에 서쪽 하늘에서 쌍성이 나타났다. 간관이 아뢰기를, '쌍성이 하늘에 나타난 것은 조정에 두 마음이 있다는 상징이니 불길합니다'라고 하였다. 임금이 말하기를, '짐은 항상 두려워하며 넉으로 교화를 베푸는 것을 마음으로 삼으니, 하늘의 뜻에 부합하기를 바란다' 하시고, 이어서 백관들에게 각자 자신의 직무를 닦으라고 명하셨다."

쌍성에 대한 기록은 「세종실록」 제102권에도 등장한다.

秋七月, 西方有雙星出, 狀若相鬪。

"가을 7월, 서쪽 하늘에서 쌍성이 나타났는데, 모양이 서로 싸우는 것 같았다."

「세종실록」에 등장하는 쌍성은 두 별이 근접해서 보이는 현상이나 행성의 근접을 묘사한 것으로 추정된다. 당시에는 이를 흔하지 않은 하늘의 이상 현상이라 여겼다. 정치 분열이나 권력의 갈등, 신하들의 분열이 발생할 수 있다고 생각한 세종은 인간의 행위를 하늘이 경고하는 것으로 받아들여 자아 성찰과 덕치(德治)를 강조했다.

쌍성은 2개의 별이 공통적인 질량 중심을 가지고 공전하는 항성계를 의미한다. 2개 이상의 별이 존재하는 경우를 의미하기 때문에 연성(連星) 혹은 다중성(多衆星)이라 부르기도 한다. 2개의 별 중에서 밝은 쪽을 주성, 어두운 쪽을 동반성이라고 부른다. 우리는 하나의 태양이 존재하는 단일 항성계에 살고 있어서 쌍성이 낯설게 느껴지지만 우주 전체에서 쌍성이나 다중성계는 매우 흔한 것이다.

성간에서 별이 탄생하면서 회전운동을 할 때 2개 이상으로 나뉘면서 쌍성계나 삼중성계가 형성된다. 태양 질량과 비슷하거나 더 무거운 별은 약 70% 이상이 쌍성인 경우가 많다. 다시 말해 태양처럼 하나의 별만 있는 경우가 오히려 드물다. 쌍성은 두 별의 질량 합과 비율을 통해 별의 정확한 질량을 구할 수 있다는 점에서 매우 중요하다.

하늘에서 온 불길한 징조, 생명의 기원

「세종실록」에는 쌍성만 등장하는 것은 아니다. 제76권에는 다음과 같은 기록이 등장한다.

乙丑/流星出自天中, 向東北入, 尾長四五尺。日暈, 兩珥。客星始見尾第二三星間, 近第三星, 隔半尺許, 凡十四日。

"유성이 하늘 가운데에서 나와 동북쪽으로 향하여 들어갔는데, 꼬리의 길이가 4~5척이나 되었다. 햇무리를 하였는데 양쪽에 귀고리를 하였고, 객성이 처음에 미성의 둘째 별과 셋째 별 사이에 나타났는데 셋째 별에 가깝기가 반 자 간격쯤 되었다. 무릇 14일 동안이나 나타났다."

위 내용은 1437년에 등장한 객성(客星)에 대한 기록이다. 객성은 손님처럼 갑자기 나타났다가 사라지는 별로서 오늘날에는 고전신성(Classic Nova) 또는 초신성(Supernova)을 의미한다. 고전신성과 초신성은 밤하늘에 갑자기 등장하는 밝은 별이라는 공통점이 있지만, 원인이나 결과 면에서는 매우 다르다.

고전신성은 쌍성계에서 백색왜성의 표면에 축적된 수소가 폭발하면서 갑자기 밝아지는 현상이다. 백색왜성 표면에 수소가 쌓이면서 온도와 압력이 올라가 핵융합 반응이 폭발하면서 갑자기 밝아진다.

반면에 초신성은 별이 수명을 다하거나 백색왜성이 질량을 초과했을 때 발생하는 거대한 폭발이다. 초신성으로 별은 완전히 파괴되어 중성자별이나 블랙홀로 붕괴한다. 오늘날 천문학적 견해에 따르면, 1437년에 기록된 객성은 고전신성으로 해석된다.

천문학사들은 쌍성이 중력적으로 서로 묶여서 공전하는 항성계를 쌍성계(Binary System)라고 부른다. 서로의 질량을 중심으로 궤도를 돌고 있으며, 마치 하나의 별처럼 보이지만 실제로 쌍성인 경우가 많다.

쌍성계는 여러 가지로 구분한다. 망원경으로 관찰했을 때 2개의 별이 분리되어 보이는 것을 시각쌍성(Visual Binary)이라 부르고, 스펙트럼의 주기적인 변화로 쌍성이라는 사실을 알 수 있는 것을 분광쌍성(Spectroscopic Binary)이라 한다. 두 별이 서로 가리면서 밝기가 주기적으로 변하는 것은 식쌍성(Eclipsing Binary)이다.

고전신성은 쌍성계에서만 발생한다. 쌍성계는 질량이 크고 중력이 강한 고밀도의 백색왜성과 수소를 제공하는 주계열성 또는 적색거성의 동반성으로 구성된다. 동반성의 한계를 넘는 물질이 백색왜성으로 이동하면서 백색왜성 표면에 수소가 축적되고, 표면에서 급격한 수소 핵융합 반응이 발생하면 막대한 에너지를 방출하면서 별이 폭발하는 것이다. 이때 폭발은 표면에서 발생하기 때문에 별 그 자체가 완전히 붕괴하지는 않는다. 이러한 점에서 「세종실록」의 기록은 쌍성계와 관련한 중요한 관찰이다.

우주에서 쌍성계가 중요한 이유는 무엇일까? 바로 여기에서 탄소별(Carbon Star)이 탄생하기 때문이다. 탄소별이란 대기의 탄소 함량이 산소보다 높은 별을 의미한다. 다수의 별은 산소가 더 많지만 탄소별은 예외적으로 탄소가 더 많다. 그 결과, 표면온도가 낮고 붉게 빛나며 어두운 먼지를 많이 방출한다.

적색거성 후기 단계에 이른 별은 핵융합 반응으로 중심핵에서 탄소를 만든다. 이때 탄소가 표면으로 이동하면서 탄소 비율이 증

+++ 허블 망원경으로 촬영한 1054년 초신성 폭발로 형성된 게자리 성운

가하는데, 대기 중 탄소 대 산소 비율이 1보다 크면 탄소별이 된다. 쌍성계에서는 두 별 중에서 하나의 별이 먼저 적색거성 단계에 도달해 핵에서 만들어진 탄소를 외부로 방출한다. 이렇게 만들어진 탄소는 중력이나 항성풍으로, 동반성으로 이동해서 적색거성 단계를 거치지 않은 별도 탄소별이 된다.

탄소별은 우주에서 탄소를 만들어 외부로 방출하는 중요한 공급원이다. 탄소별 주변에는 탄화수소(C_2), 메탄(CH_4) 등 복잡한 분자들이 형성되고, 이 중 일부는 다환방향족탄화수소(PAHs)처럼 유기화합물로 발전하기도 한다. 이는 방향족탄화수소 중 여러 개의 고리를 가진 화합물로서 크고 안정적이라는 특징을 가진다. 이러한 점에서 탄소별은 우주의 유기화학 공장으로, 외계 생명체가 등장할 수 있는 골디락스 조건 중의 하나다.

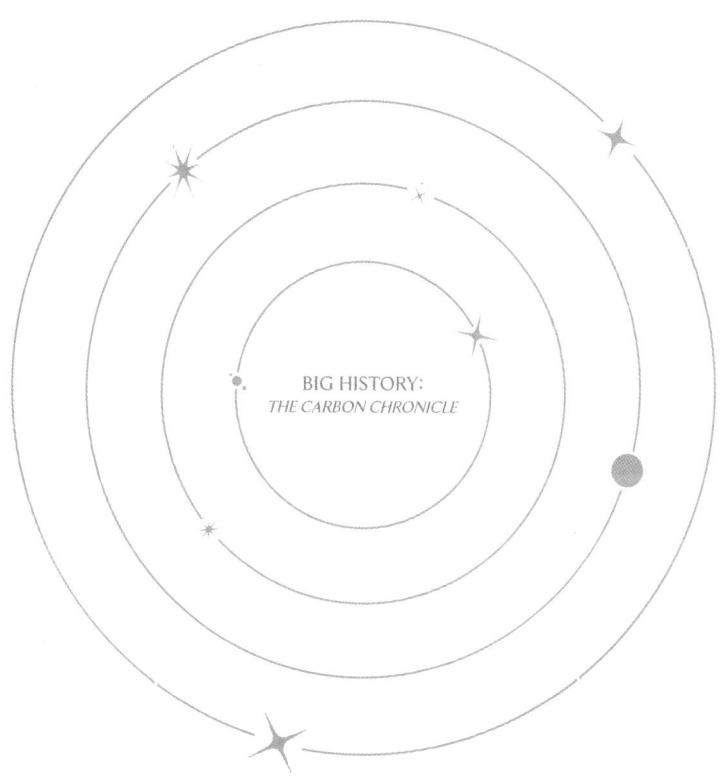

BIG HISTORY:
THE CARBON CHRONICLE

2장

탄소의 순환과
생명으로 가는 길

우리은하의 탄생과
태양계의 진화

우리은하(Milky Way Galaxy)는 인류가 살고 있는 지구와 태양계가 속해 있는 은하를 의미한다. 빅뱅 후 약 1억 년이 지나 우주의 평균 밀도보다 약간 높은 지역에서 형성되기 시작했다. 우리은하에서 가장 오래된 별이 무엇인지는 아직 확실하지 않지만, 현재까지 관측된 별 가운데 가장 오래된 별은 약 135억 년 전의 것으로 추정된다.

 형성 초기에 우리은하는 빠른 속도로 별을 형성했고, 다른 은하와의 합병으로 규모가 확대했다. 이 과정에서 왜소은하도 합병되었고 구상성단도 포함되었다. 크라켄은하(Kraken Galaxy)는 약

110억 년 전에 우리은하와 합병되었다. 최초로 합병된 거대 은하다. 궁수자리에 있는 구상성단인 메시에 54(M54)는 크라켄은하의 핵 잔재로 보인다.

가이아 엔셀라두스은하(Gaia-Enceladus Galaxy)는 약 100억 년 전에 우리은하와 합병된 왜소은하다. 우리은하 질량의 약 20%를 차지하면서 가장 중요한 사건으로 알려져 있다.

우리은하는 초기에 활발하게 외부 은하와 합병했지만, 가이아 엔셀라두스은하와의 합병 이후에는 대규모의 합병이 거의 없었다. 다른 은하와 비교했을 때 급격한 진화가 없었다는 점은 매우 특이하다. 우리은하와 가장 가까운 곳에 있는 안드로메다은하의 경우, 100억 년에 걸쳐 여러 은하와 상호 작용하면서 오늘날의 형태를 이루었다.

우리은하는 나선형 막대구조를 가진 전형적인 막대나선은하다. 은하 중심에는 땅콩 모양의 팽대부가 있고, 4개의 주요 나선팔과 기타 구조로 형성되어 있다. 헤일로는 암흑물질이 존재하는 구역이다. 우리은하에는 대마젤란은하, 소마젤란은하 등 30개 이상의 위성은하가 있다. 마젤란 흐름(Magellanic Stream)은 남반구 전체를 감는 가스 띠로, 은하에서 방출된 가스가 우리은하로 흘러들어오면서 별의 탄생에 영향을 주는 것으로 추정된다.

태양계는 우리은하의 오리온자리 나선팔에 있는 행성계다. 행

+++ **우리은하**

성계는 핵융합 반응을 통해 스스로 빛을 내지 못하는 행성이나 왜행성, 소행성, 혜성 등의 천체가 별 주위를 공전하고 있는 체계를 의미한다. 태양계는 8개의 행성과 5개의 왜행성, 그리고 위성 및 소행성 등으로 구성되어 있다.

태양은 태양계의 유일한 별이자 에너지의 근원이다. 태양은 표면온도가 5,300~6,000K에 달하는 G형 주계열성으로 수명은 약 100억~150억 년이다. 수명을 다한 G형 주계열성은 더욱 커지면서 적색거성으로 진화한 후 중심핵은 밀도가 높은 백색왜성이 된다. G형 주계열성은 지구처럼 생명체가 거주할 수 있는 행성의 이상적인 모항성이다. 수명이 길고 전자기파의 스펙트럼이 적당하며 플레어도 강하지 않기 때문이다.

태양은 중심온도가 약 1,500만 ℃에 이르는 고온의 플라스마 상태다. 태양의 중심핵에서는 수소 핵융합 반응을 통해 헬륨을 생성하는 과정이 발생하는데, 이때 막대한 양의 에너지가 방출되면서 빛과 열이 지구에 전달된다. 현재 태양은 주계열성 단계이므로 중심핵에서는 헬륨까지 생성하지만, 약 50억 년 후에 수소를 모두 사용하고 적색거성으로 진화하면 중심온도가 1억 K까지 상승하면서 삼중 알파 과정이 발생한다. 그러면 태양도 헬륨을 사용해 탄소를 생성하는데, 온도와 압력이 부족해서 탄소 이후의 원소를 많이 만들지는 못한다.

태양계 행성들이
들려주는 이야기

태양계에는 지구를 포함해 8개의 행성이 존재한다. 행성은 스스로 구형을 유지할 만큼 충분한 중력이 있고, 독자적인 공전 궤도를 가지며 중심핵에서 핵융합을 일으키지 않는 천체를 의미한다. 과거에는 태양과 같은 별 주변을 공전하는 천체를 모두 행성이라고 여겼지만, 19세기 초에 왜행성 세레스(Ceres)를 발견하면서 행성의 기준이 명확하게 수립되었다.

태양과 가장 가까운 행성인 수성은 철이 전체의 60% 이상을 차지한다. 태양과 가장 가깝지만 그 거리는 의외로 멀어, 태양 지름인 139만 Km의 약 40배에 달한다. 수성의 중심핵은 지름의

75%를 차지한다. 형성 초기에 거대한 천체와의 충돌로 대부분의 맨틀이 날아간 것으로 추정된다. 대기 역시 거의 존재하지 않아 운석 충돌로 인한 분화구가 잘 보존되어 있어서 겉모습이 달과 유사하다. 혜성과 비슷한 형태의 긴 궤도를 따라 공전하며, 지구 중력의 1/3 수준으로 태양계에서 가장 작은 행성이다. 금성과 더불어 위성이 없는 행성이다.

금성은 태양과 달 다음으로 지구에서 가장 밝게 보이는 천체다. 매우 아름답게 보여서 로마 신화에 등장하는 미의 여신 '비너스(Venus)'라는 이름이 붙었지만 실제로 금성은 고온, 고압, 부식성 대기 등 가혹한 환경을 가지고 있다.

자전 주기는 243일, 공전 주기는 225일로 자전이 공전보다 느리고, 다른 행성과 반대로 동쪽에서 서쪽으로 자전한다. 그래서 금성에서는 태양이 서쪽에서 떠오른다. 대기의 대부분은 이산화탄소(CO_2)로 이루어져서 온실효과가 심하고, 황산(H_2SO_4)으로 구성된 두꺼운 구름층이 존재해 생명체가 존재할 가능성이 낮다.

태양계에서 가장 활발하게 탐사가 이루어진 행성이 화성이다. 표면에 물이 존재한 흔적이 발견되어 지구와 유사한 환경을 인위적으로 조성해 생명체가 거주할 수 있는 테라포밍(Terraforming)의 가능성이 높다. 그러나 화성은 질량과 중력이 약하고 자기장이 거의 없다. 대기 역시 태양풍으로 인해 거의 날아갔다. 형성 초기에

+++ 금성

여러 충돌이 있었고, 그 결과 태양계에서 가장 큰 분화구가 생겼으며 포보스와 데이모스라는 2개의 위성이 형성되었다.

화성과 목성 사이에는 '동결선(Frost Line)'이라는 경계가 존재한다. 이는 물이나 메테인 등의 물질이 얼 수 있는 지점으로, 동결선을 기준으로 행성의 특성이 다르다. 동결선 바깥쪽에는 얼음이 금속이나 암석보다 풍부하므로 목성형 행성이 형성되었다. 이와 같은 행성들은 지구형 행성보다 수백 배 크고, 큰 질량으로 주변의 수소와 헬륨을 끌어모았다. 구성에 따라 거대 가스 행성과 거대 얼음 행성으로 구분할 수 있다.

태양계에서 가장 거대한 행성인 목성은 위성이 95개에 달한다. 이 중에서 대표적인 4개의 위성이 1610년에 이탈리아 과학자 갈릴레오 갈릴레이(Galileo Galilei)에 의해 발견되었고, 이를 '갈릴레이 위성'이라 부른다. 바로 이오(Io), 에우로파(Europa), 가니메데스(Ganymede), 칼리스토(Callisto)다. 그는 자신을 후원했던 메디치 가문에 이 별을 헌정하고, 위성들을 '메디치가의 별'이라 불렀다.

목성의 지름은 지구의 11배, 질량은 300배로 태양을 제외하면 태양계 전체 질량의 2/3를 차지한다. 강력한 중력으로 혜성이나 소행성을 끌어당겨 지구를 보호하며, 남반구에는 시속 500Km가 넘는 초대형 폭풍인 대적반이 존재한다.

토성은 아름다운 고리가 있는 것으로 유명하다. 자전 주기가

10시간으로 짧기 때문에 모양이 완전한 구의 형태가 아니라 찌그러져 있는데, 갈릴레이가 처음 관측했다.

당시에는 고리를 귀로 오해했으나 1656년에 네덜란드 천문학자 크리스티안 호이겐스(Christiaan Huygens)가 고리라는 사실을 확인했다. 토성의 고리는 약 40억 년 전에 형성된 것으로 추정된다. 토성은 태양계에서 가장 많은 위성을 가진 행성으로, 북반구에서는 거대한 폭풍으로 수천 Km에 달하는 대백반이 관측된다.

천왕성은 주성분이 얼음인 거대 얼음 행성이다. 자전축이 97° 정도 기울어져서 옆으로 누워 자전하는 독특한 행성이다. 행성 표면은 액체 상태의 메테인으로 덮여 있고, 대기에는 수소와 헬륨 외에도 황화수소가 포함되어 있다. 낮에는 자외선으로 수소 분자가 분해되지만 밤에는 다시 결합하면서 열이 발생해 밤의 온도가 낮보다 높다. 윌리엄 허셜(William Herschel)과 여동생 캐롤라인 허셜(Caroline Herschel)이 천왕성을 발견했지만, 여성 과학자인 캐롤라인의 업적은 오랫동안 제대로 인정받지 못했다.

태양계의 마지막 행성인 해왕성은 천왕성의 크기나 구성 성분과 유사하다. 메테인 때문에 푸른빛을 띠며 육안으로 관측하기 어렵다. 따라서 망원경이 발명되기 전까지는 존재조차 알려지지 않았다.

17세기에 갈릴레이가 목성을 관측하다가 배경에 별을 하나 그

렸는데, 이것이 바로 해왕성이다. 당시에는 행성이 아닌 별이라고 착각했다. 해왕성은 목성형 행성 중 밀도와 대기압이 가장 높고, 시속 2천 Km가 넘는 속도로 이동하는 대흑점이 나타났다가 사라지는 현상이 반복된다. 다만 아직 그 원인은 밝혀지지 않았다.

카이퍼 벨트와
오르트 구름의 비밀

 태양계 외곽, 해왕성 궤도 너머에는 얼음과 먼지로 이루어진 천체들이 모여 있다. 바로 카이퍼 벨트(Kuiper Belt)다. 이 영역은 태양계 형성 초기에 생성된 잔여물들이 고스란히 남아 있는 지역으로, 혜성의 주요 근원지이자 탄소 기반 물질의 저장소로 여겨진다. 카이퍼 벨트는 물, 이산화탄소, 암모니아(NH_3) 등의 얼음뿐만 아니라 다양한 유기 탄소 화합물과 미세먼지를 포함하고 있다.

 카이퍼 벨트에 위치한 명왕성은 1930년에 발견된 이후 태양계의 9번째 행성으로 간주되었지만, 2006년 국제천문연맹(IAU)의 정의에 따라 행성에서 제외되었다. 명왕성의 지각은 물 얼음과 규산염 광물(Silicates), 그리고 탄소를 포함한 유기화합물로 구성되어 있다.

1978년에 발견된 명왕성의 위성인 카론(Charon)의 질량을 통해 명왕성 자체의 질량이 지구의 약 0.2%에 불과하다는 것이 밝혀졌다. 이는 지구의 달보다도 작다. 이러한 작은 질량과 중력으로는 주변의 다른 카이퍼 벨트 천체들을 안정적으로 끌어들이거나 궤도 공간을 정리할 수 없으므로 명왕성은 '왜행성(Dwarf Planet)'으로 분류되었다.

혜성(Comet)은 카이퍼 벨트와 오르트 구름(Oort Cloud) 등에서 기원하는 얼음과 탄소 물질로 이루어진 소형 천체다. 태양에 가까워질수록 그 표면에서 얼음과 휘발성 물질이 증발하며, 빛나는 코마(Coma)와 길게 뻗은 꼬리(Tail)를 형성한다. 이때 분출되는 물질에는 물, 이산화탄소, 일산화탄소(CO) 등의 산소·탄소 화합물과 다양한 유기물질이 포함되어 있다.

혜성의 구성 성분은 물이나 먼지뿐 아니라 시안화수소(HCN), 에틸렌(C_2H_4), 에탄(C_2H_6) 등 생명체 구성에 필수적인 탄소 화합물이 포함되어 있다. 일부 혜성에서는 아미노산의 전구물질도 발견되었다. 혜성은 그저 냉동 덩어리가 아니라 우주 유기화학의 집합체이자 탄소 순환의 장거리 운반자다.

✦✦✦ 1997년 4월 4일에 촬영된 혜성 C/1995 O1

2014년에 유럽우주국(ESA)은 탐사선 로제타(Rosetta)와 착륙선 필레(Philae)를 통해 67P/추류모프-게라시멘코(67P/Churyumov-Gerasimenko) 혜성에 도착했다. 이는 인류 최초로 혜성 표면을 근접 탐사한 일이었다. 이 탐사에서 물 분자 외에도 메탄, 메탄올, 포름알데히드, 시안화수소, 아세톤, 아미노산 등 20종 이상의 탄소 기반 유기화합물이 검출되었다.

이와 같은 사실은 초기 지구에 혜성이 충돌함으로써 유기 탄소 화합물이 유입되었고, 이것이 생명 탄생의 실마리가 되었을 가능성을 입증한다. 지구 초기 환경은 고온, 고압, 방사선이 강했기 때문에 유기분자가 자체적으로 생성되었더라도 안정적으로 보존되기가 어려웠다. 이에 따라 외부 천체를 통한 유기물의 전달, 특히 탄소 기반 화합물의 지속적 유입이 생명의 기초 물질 형성에 결정적인 역할을 했다는 주장이 설득력을 얻고 있다.

고대 인류는 혜성을 현대적 의미의 '천체'로 인식하지 않았다. 불규칙하게 하늘에 나타났다가 갑자기 사라지는 모습은 사람들에게 두려움을 일으켰고, 대개 재앙의 전조로 여겨졌다. 우리나라에서도 혜성을 '객성'이라 불렀으며 『삼국유사』의 〈혜성가(彗星歌)〉처럼 신라 화랑들이 하늘에서 혜성을 보고 이를 신성한 징조로 해석하는 이야기도 있다.

고대 그리스 철학자 아리스토텔레스(Aristotle)조차 혜성을 우주의 천체로 인정하지 않고 지구 대기 중의 기상 현상으로 보았다. 그에 따르면 우주는 질서가 있고 변하지 않아야 했으며, 혜성과 같은 예외적인 움직임은 우주 법칙에서 벗어난 것이었다. 이와 같은 관점은 17세기까지도 널리 퍼져 있었다.

18세기 영국 천문학자 에드먼드 핼리(Edmond Halley)는 이와 같은 오해를 바로잡았다. 그는 혜성의 궤도를 추적하며 1682년에 목격한 혜성이 과거에 나타난 혜성과 동일한 주기를 갖는다는 사실을 밝혀냈다. 그는 이 혜성이 약 76년 주기로 돌아온다고 예측했으며, 실제로 1759년에 그의 예측대로 다시 출현했다. 이후 이 혜성은 핼리 혜성(Halley's Comet)이라 불렸고, 이 사건은 혜성이 예측 가능한 주기적 천체임을 증명한 역사적 계기가 되었다. 이는 천문학이 점성술적 관념에서 벗어나 관측 기반 과학으로 전환되는 분기점이기도 했다.

혜성의 또 다른 기원지로 알려진 곳이 있다. 바로 오르트 구름이다. 이는 태양계를 감싸고 있는 가상의 구형 천체 분포 영역으로, 태양에서 약 1광년 떨어진 곳에 존재한다고 추정된다. 1950년 네덜란드 천문학자 얀 오르트(Jan Oort)가 제안한 이 구름은 태양계 형성 초기에 외곽으로 튕겨 나간 원시 물질들이 모여 형성된 것으로 여겨진다.

오르트 구름 속 천체는 수십억 년 동안 태양열이나 충돌의 영향을 거의 받지 않은 채로 존재해왔다. 이 때문에 태양계 탄생 당시의 물질 조성을 거의 그대로 보존하고 있을 가능성이 높다. 특히 이 지역에 존재하는 혜성들은 이산화탄소, 메탄, 포름알데히드, 아미노산 전구체 등 생명체에 필수적인 탄소 기반 물질을 포함하고 있을 것으로 추정된다. 이러한 점에서 오르트 구름은 단순히 혜성의 발원지가 아닌, 우주 생명의 기원을 밝힐 수 있는 타임캡슐이라고 할 수 있다.

탄소는 모든 생명체의 기본을 이루는 원소로서 그 존재 자체가 곧 생명 가능성의 신호다. 혜성과 같은 천체는 태양계 외곽의 차가운 환경 속에서 다양한 탄소 화합물을 응축, 보존하며 때로는 지구와 같은 행성에 충돌함으로써 유기물을 전달한다. 이러한 작용은 물질 교환을 넘어 생명의 씨앗을 우주에서 지구로 옮기는 메신저 역할을 한다.

카이퍼 벨트와 오르트 구름은 더 이상 외곽 천체들의 저장소가 아니다. 그곳은 지구 생명의 시작을 이해하기 위한 우주적 실험실이자 아직 풀지 못한 '우리는 어디에서 왔는가?'라는 질문의 실마리를 품고 있는 공간이다.

마그마 바다에서
산소 대변화까지

인류는 우리가 살고 있는 지구가 어떻게 생겼는지에 대한 의문을 오랫동안 가졌다. 근대 과학이 등장하기 이전부터 여러 민족과 문명은 고유한 신화나 전설에서 답을 찾았다. 이와 같은 창조 신화는 이야기를 넘어 사회의 가치관이나 세계관, 그리고 자연에 대한 태도를 포함한다.

북유럽 신화에 따르면, 세계는 무스펠(Muspell)이라는 불의 세계와 니플헤임(Niflheim)이라는 얼음 세계의 충돌에서 탄생했다. 이 두 세계의 경계에는 깅누가가프(Ginnugagap)라는 공허한 공간이 있는데, 여기에서 얼음이 녹아 물방울이 형성되었고 최초의 생명체인 이미르(Ymir)가 태어났다.

이후 탄생한 거인족은 이미르를 죽이고 그 시신으로 세상을 만들었다. 그의 살은 땅이 되고 피는 바다가 되었으며 뼈는 산이 되었다. 그리고 이빨은 바위가, 두개골은 하늘이, 뇌는 구름이 되었다. 북유럽 신화에서 지구는 거대한 생명체의 몸에서 형성되었다. 그리고 세상은 원초적 혼돈과 희생의 결과로 만들어졌다는 세계관을 반영하고 있다.

인도의 힌두교 신화는 우주가 반복적으로 창조되고 파괴된다는 순환적 세계관을 반영한다. 신화에서는 지구가 거대한 뱀 아난타(Ananta) 위에 놓인 거북이 쿠르마(Kurma) 위에 떠 있는 평평한 디스크로 나타난다. 창조신 브라흐마(Brahma)가 암흑 속에서 피어난 연꽃에서 태어나 세계를 창조하고, 그 과정에서 지구가 생겨 균형을 잡기 위해 여러 동물의 등 위에 놓였다. 다시 말해 지구는 신성한 존재들에 의해 유지되고 있는 것이다.

일본은 어떨까? 일본에서는 남성 신인 이나자기(Izanagi)와 여성 신인 아나자미(Izanami)가 지구를 창조했다는 이야기가 전해 온다. 부부 신은 하늘의 부러진 기둥으로 바다 위를 천상의 창으로 휘저었다. 이때 창끝에서 떨어진 소금 방울이 뭉쳐 최초의 섬 오노고로시마(淤能碁呂島)가 형성되었고, 이후 여러 열도와 산, 강, 바다를 만들어 지구를 완성했다. 부부 신의 결합과 협력으로 지구가 탄생했음을 강조하는 이야기다.

지구 탄생 신화는 인류가 자연과 조화를 이루고 있음을 잘 보여준다. 북유럽의 차가운 대지나 인도의 거북이, 일본의 섬 등은 방식은 서로 다르지만 자연과 인간이 하나로 연결되어 있다는 공통된 메시지를 전달한다. 이러한 점에서 지구의 탄생과 관련한 창조 신화는 단순한 전설을 넘어 오늘날 우리가 자연을 바라보는 관점에 대한 교훈을 담고 있다.

현대 과학적 증거에 따르면 지구는 약 45억 년 전에 탄생한 것으로 추정한다. 과학자들은 '성운설(Nebula Hypothesis)'을 바탕으로 지구의 탄생을 설명한다. 이 이론에 따르면, 약 46억 년 전 거대한 가스와 먼지구름이 중력 수축을 시작하면서 회전했고, 이후 납작한 원반 형태로 변했다. 중심부의 밀도는 점점 높아져서 온도가 상승했고 핵융합 반응이 시작되면서 태양이 탄생했다.

태양 주변의 원반에는 고온의 가스와 먼지가 남아 있었는데 입자들이 충돌과 응집을 반복하면서 미행성체를 형성했다. 이와 같은 미행성체들은 중력으로 서로 끌어당기면서 더 큰 천체로 성장했는데, 이 과정에서 형성된 것이 바로 원시지구다.

원시지구는 다른 행성체와 격렬한 충돌을 반복하면서 점점 커졌다. 충돌로 엄청난 열이 발생해서 지구 전체는 마그마 바다로 변했다.

가장 결정적인 사건은 약 45억 년 전에 발생한 테이아(Theia) 충돌이다. 과학자들에 따르면 화성 크기의 천체인 테이아가 지구와 충돌해서 지각 일부가 떨어졌고 그 파편으로 달이 형성되었다. 이 충돌은 지구의 기울기와 자전 주기에도 영향을 미친 것으로 추정된다.

지구는 형성 초기에 내부에 축적된 방사성 동위원소의 붕괴와 미행성체 충돌로 인해 고온의 용융 상태였다. 이후 밀도 분화 과정을 겪게 되는데, 이는 행성이나 위성 같은 천체가 내부 열에 의해 물질이 밀도에 따라 층을 이루면서 정렬되는 과정을 의미한다. 그 결과, 지구는 무거운 철(Fe)이나 니켈(Ni)이 중심으로 가라앉아 핵을 형성했고, 비교적 가벼운 규산염 물질이 위로 떠올라 맨틀과 지각을 형성했다.

구조적 분화는 지구 내부의 열 순환과 마그마 운동을 유도했다. 그 결과, 화산 활동이 활발하게 일어났다. 화산으로 지구 내부의 기체가 방출되었고 원시 대기가 형성되었다. 당시 대기의 주요 성분은 수증기, 이산화탄소, 질소(N) 등으로 오늘날 대기와는 매우 달랐다. 특히 이산화탄소는 대표적인 온실가스로, 태양 복사가 약했던 초기 지구의 온도를 유지하는 데 중요했다.

초기 지구 대기에는 산소가 거의 존재하지 않았다. 이 때문에 탄소는 대부분 이산화탄소의 형태로 대기 중에 존재하거나 바다에 녹아 있는 상태였다. 이와 같은 상태가 무려 15억 년 이상 지속되었다. 그러다가 약 30억 년 전, 광합성 기능을 가진 남세균이 바다에 출현하면서 상황이 변하기 시작했다. 이들은 광합성을 통해 이산화탄소와 물을 이용해 유기물을 합성하고 부산물로 산소를 방출했다.

초기에는 방출된 산소가 바닷속에 녹아 있는 철과 결합해 산화철(Fe_2O_3) 형태로 침전되었는데, 이는 오늘날에도 관찰된다. 이 과정에서 대기 중 이산화탄소의 일부가 고정되었으며 점차 자유산소가 축적되기 시작했다.

자유산소는 다른 원소와 결합하지 않고 기체 상태로 존재하는 산소를 의미한다. 지구 대기의 약 21%가 자유산소다. 호기성 생물의 세포 호흡이나 에너지 생성, 오존층(O_3) 형성을 통한 자외선 차단, 암석과 금속 산화 등에 중요한 역할을 담당한다.

24억 년 전, 대기 중 산소 농도가 임계치를 넘어서면서 '산소 대기 전환(Great Oxidation Event)'이 발생했다. 이는 지구 역사상 가장 중요한 대기 변화 중 하나다. 대기 중 산소 농도가 처음으로 0.001%를 초과하면서 생물과 화학 반응에 영향을 미치기 시작했고, 21억 년 전까지 지속적으로 증가하면서 오늘날과 같은 21% 수준에 도달했다.

이전까지 온실가스로 존재했던 메탄은 산소와 결합해 이산화

+++ 원시지구와 테이아의 충돌

탄소로 바뀌었고 대기 중 메탄 농도가 급증했다. 그 결과, 지구에 지질사상 최초의 대빙하기가 나타났다. 또한 산소의 등장으로 호기성 세포호흡이 가능해지면서 에너지 효율이 높아진 생명체가 출현했다. 반면 산소에 적응하지 못한 혐기성 생물은 대량으로 멸종했다.

이후에도 이산화탄소는 탄소 순환의 핵심 구성 요소로 남아 있었다. 일부는 해양으로 흡수되어 탄산염 화합물을 통해 해저 퇴적층에 저장되었고, 일부는 암석화 작용을 통해 지각에 남아 있었다.

이와 같이 지구 탄생 초기부터 오늘날까지 탄소는 지질학적 순환이나 생물학적 광합성, 대기 구성 변화 등을 통해 지구의 환경과 생명체 진화에 중요한 영향을 미쳤다.

3장

✦

생명체 탄생의
골디락스 조건

과학, 상상 그리고
탄소

　인류는 수천 년 전부터 별을 바라보며 '우주 어딘가에 또 다른 생명체가 존재하지 않을까?' 하는 상상을 했다. 그 상상은 신화와 전설에서 시작되어 현대에 이르러서는 영화, 문학, 과학으로 확장되었다. 대표적인 예가 영화 〈E.T.〉와 〈아바타〉다. 이 작품들은 외계 생명체의 존재를 단순한 공상으로 그리는 데 그치지 않고, 그들이 생명체로서 어떤 조건을 만족해야 하는가에 대한 과학적 상상까지 불러일으켰다.

　스티븐 스필버그(Steven Spielberg) 감독의 영화 〈E.T.〉에서는 지구 밖에서 온 외계 생명체를 인간과 감정을 교류하고 학습하며 치

1982년 영화 〈E.T.〉 포스터

유 능력을 보이는 지능체로 묘사했다. 이 생명체는 숨을 쉬고 음식을 섭취하고 상처를 회복한다는 점에서 지구 생명체와 유사한 대사 시스템을 갖춘 존재로 해석된다. 비록 E.T.의 생화학적 구조가 명시되지는 않았지만, 그가 산소 호흡을 통해 에너지를 얻고 육체를 구성하는 세포가 있다는 묘사를 보면 명백히 탄소 기반 생명체로 설정되어 있다고 볼 수 있다. 이는 곧 영화적 상상이 현실 과학의 조건에 부합하려는 시도임을 보여준다.

반면 제임스 카메론(James Cameron) 감독의 영화 〈아바타〉는 '판도라'라는 가상의 외계 행성을 배경으로 유기적으로 연결된 생명체 생태계를 묘사한다. 판도라의 생물들은 전기적 신호로 연결된 거대한 신경망을 이루고 있으며, 나비족(Na'vi)은 인간과 유사한 체형, 눈, 신경계, 호흡 구조를 가진다. 이러한 설정은 판도라의 생명체들이 탄소 기반 유기체이며 지구 생명체와 비슷한 진화 경로를 밟았을 것이라는 상상에 기초한다. 〈아바타〉는 생명의 보편성에 대한 철학적 메시지와 탄소가 생명의 공통 언어일 가능성을 시각적으로 풀어낸 작품이다.

그렇다면 현대 과학은 외계 생명체를 어떻게 정의하고 어떤 기준으로 그 가능성을 탐색할까? 핵심은 단 하나의 원소로 수렴된다. 바로 탄소다.

우주는 원소들로 이루어진 거대한 실험실이다. 별, 행성, 혜성, 은하 등 모든 천체는 원소로 구성된다. 그중 가장 기본적인 구성 단위가 수소다. 실제로 수소는 우주 전체 원소 질량의 약 75%를 차지하며 태초의 빅뱅 직후 최초로 생성된 원소이기도 하다. 그 뒤를 잇는 헬륨이 약 23% 정도를 구성하며, 우주의 기본적인 에너지원인 별들의 핵융합 반응에 중요한 역할을 한다.

그러나 두 원소, 즉 수소와 헬륨은 생명체의 구성 요소로는 매우 부적합하다. 생명은 단순히 물질의 집합이 아니라 복잡한 구조와 기능을 수행할 수 있는 분자들의 체계적인 조합이 필요하기 때문이다. 이를 위해서는 복잡하고 안정적인 분자 구조를 형성할 수 있는 능력, 즉 화학적 유연성과 결합력이 필수적이다. 수소와 헬륨은 이러한 면에서 결정적으로 부족하다.

수소는 전자를 하나만 가지므로 단일 결합만 가능하며 분자 구조 다양성이 극히 제한된다. 헬륨은 완전한 전자껍질을 가지고 있어서 화학 반응성이 거의 없으며 안정적 화합물 생성이 불가능에 가깝다. 이러한 특성 때문에 수소와 헬륨은 에너지 전달이나 기본 연료 역할에는 적합하지만, 복잡한 유기 분자 구조를 형성하기에는 매우 비효율적이다.

우주에서 전체 원소 중 약 0.5~1% 수준에 불과한 탄소는 생명체 구성에 있어 가장 중요한 원소다. 이는 탄소가 다음과 같은 화학적 특성을 가지기 때문이다. 탄소 원자는 외곽 전자껍질에 4개의 전자를 가지고 있다. 그래서 최대 4개의 다른 원자와 공유결합을 형성할 수 있다. 이 결합은 매우 강하고 안정적이며 다양한 원자들과의 결합을 통해 수많은 화합물을 만들 수 있다. 실제로 지구에서 유기화합물은 약 1천만 종 이상으로, 그중 대부분이 탄소 기반이다.

또한 탄소는 단순한 직선형 결합을 넘어서 선형(Linear), 가지형(Branched), 고리형(Cyclic), 격자형(Network) 등 다양한 입체 분자 구조를 만들 수 있다. 그 결과, 단백질, DNA, RNA, 지질, 탄수화물 등 생명체를 이루는 거대분자들이 존재할 수 있다. 이와 같은 구조적 유연성 덕분에 생명체는 자기복제, 정보전달, 효소 반응 등 복잡한 기능을 수행할 수 있다.

탄소는 다양한 온도와 압력 조건에서 안정적으로 존재하며 특정 조건에서는 화학 구조를 자유롭게 변화시킬 수 있다. 이는 온도 변화나 환경 조건 변화 속에서도 생체분자가 유지되거나 조절되게 하는 특성이다. 예를 들어 단백질은 특정 온도에서만 기능하지만 그 구조는 환경 변화에 따라 다시 조립될 수 있다.

마지막으로 탄소는 단일결합뿐 아니라 이중결합, 삼중결합도 형성할 수 있어서 전자 이동성과 전기 전도성을 조절할 수 있다. 이는 세포 내 신호전달, 에너지 흐름, 빛 흡수 등 생명 활동 전반에 영향을 준다. 광합성에 관여하는 엽록소나 세포막의 전자 전달 체계에서도 탄소 기반 분자들이 이 기능을 수행한다.

이와 같은 이유로 천문학자와 생물학자들은 외계 생명체를 탐색할 때 탄소 기반 분자의 존재 여부를 가장 중요한 단서로 삼는다. 외계에 '생명'이 존재하는지를 넘어서 그 생명체가 어떤 분자 기반으로 구성되어 있는가는 그 자체로 우주의 생명 가능성을 평가하는 기준이 된다.

물론 일부 과학자들은 규소 기반 생명체의 가능성도 이론적으로 제기한다. 규소도 탄소처럼 4개의 결합을 형성할 수 있기 때문이다. 다만 규소는 크기가 크고 결합 길이가 길어서 복잡한 입체구조 형성에 제한이 있고, 산소와 결합하면 고체 상태의 실리카(SiO_2)로 존재해 유동성이 떨어진다. 이에 따라 실리콘 기반 생명은 이론적으로는 가능하지만 실질적 생명체 조건에는 부적합하다는 의견이 지배적이다.

탄소는 우주의 한 원소로 그치지 않고, 생명이 존재할 수 있는 복잡성과 안정성을 가능하게 하는 유일무이한 기반이다. 지구 생명체의 DNA, 단백질, 지질, 심지어 바이러스와 박테리아까지 모두 탄소 중심의 화학 구조를 가진다. 그러므로 과학자들은 외계 생명체를 탐색할 때 단순한 물 탐사나 온도 측정만으로 만족하지 않는다. 행성이나 위성에서 탄소 기반의 메탄, 포름알데히드, 아미노산 등과 같은 유기 분자가 존재하는지를 찾는 것이 핵심 목표가 된다.

다시 말해 탄소를 발견한다는 것은 곧 '생명의 가능성'을 발견하는 것이며, 인류가 우주에서 '또 다른 생명'을 찾기 위해 가장 먼저 확인해야 할 단서가 된다.

큐리오시티에서
제임스 웹까지

　　외계 생명체의 존재 가능성은 오랫동안 인류의 상상 속에 머물러 있었다. 그러다가 현대 과학의 발달 덕분에 그 가능성을 측정하고 예측할 수 있는 현실적 영역으로 끌어낼 수 있었다. 지금 과학계는 외계 생명체를 찾기 위해 다양한 방법을 동원하고 있다. 그 중심에는 탄소가 있다.

　　현재 외계 생명체의 존재를 평가할 때 과학자들은 3가지 조건을 핵심 기준으로 삼는다. 우선 물의 존재다. 지구 생명체는 물 없이는 생존할 수 없다. 물은 생화학 반응이 일어나는 용매 역할을 하고 세포 내 물질 이동, 열 조절, 대사 과정 등 생명 유지의 거의 모든 과정에 관여한다. 액체 상태의 물이 존재한다는 것은 곧 생명체가 활동할 수 있는 물리적 환경이 조성되어 있을 가능성을 의미한다.

그러나 물의 존재만으로는 부족하다. 물이 액체 상태로 유지되기 위해서는 0~100℃ 사이의 온도와 일정한 대기압이 필요하다. 이는 행성이 '골디락스 존(Goldilocks Zone)', 즉 항성으로부터 적절한 거리 안에 위치해야 한다는 뜻으로 이 범위 안에서 지표에 액체 물이 존재할 수 있는 온도 조건이 갖추어져야 한다.

탄소는 생명체를 구성하는 핵심 원소다. 단백질, 핵산, 탄수화물 등 복잡한 유기 분자는 모두 탄소 골격을 중심으로 이루어진다. 따라서 외계 행성이나 위성에서 탄소 기반 유기화합물의 존재가 확인된다면, 이는 곧 생명체의 존재 가능성을 가늠하는 가장 직접적이고 신뢰할 수 있는 과학적 지표가 된다.

2012년에 나사(NASA)는 화성의 게일 충돌구(Gale Crater)에 탐사차 큐리오시티(Curiosity)를 착륙시켰다. 이 탐사차는 표면 토양과 암석을 분석하며, 특히 탄소 동위원소(C-12, C-13)의 분포에 주목했다. 지구의 경우, 생물 활동은 탄소-12를 선호하기 때문에 이 비율이 특정 방향으로 치우쳐 있다면 생물 기원 탄소일 가능성이 높기 때문이다.

큐리오시티는 다음 사항들을 발견했다. 지층 내 탄소 동위원

+++ 빅 스카이 지점에서 촬영한 화성 탐사차 큐리오시티

소 비율이 지구의 미생물 기원 물질과 유사한 수준으로 나타났고, 일부 지역에서 메탄 농도의 계절적 변화가 관측되었다. 또한 암석 내 유기 탄소 화합물의 존재를 확인했다. 이와 같은 발견은 과거 화성에 미생물 혹은 원시 생명체가 존재했을 수 있거나 탄소 유기물이 운석 충돌 등을 통해 외부에서 유입되었을 가능성을 제기한다. 아직 결정적인 생명체 존재 증거는 아니지만, 큐리오시티가 가져온 데이터는 제2의 골디락스 행성으로 화성의 가능성을 확대하고 있다.

현대 천문학은 수천 개의 외계 행성(Exoplanet)을 발견하고, 일부 대기 성분까지 분석할 수 있을 정도로 발전했다. 제임스 웹 우주망원경(James Webb Space Telescope)은 이 중에서 가장 주목받는 장비다. 이 망원경은 적외선 스펙트럼을 통해 외계 행성의 대기를 분석해 그 속에 존재하는 분자들을 식별할 수 있다.

현재 제임스 웹 우주망원경은 이산화탄소나 메탄 등 탄소 기반 분자 탐사를 통해 광합성, 화산 활동과 관련한 생명 신호나 미생물과 반추동물의 대사 산물 등을 확인하고 있다. 특히 대기에서 에틸렌, 포름알데히드, 아세트알데히드 등 유기물질이 함께 발견될 경우, 생명체의 활동이 원인일 가능성이 높아진다. 무엇보다도 이산화탄소와 메탄이 공존할 경우, 이는 생명 활동 없이는 쉽게 유지되기 어려운 불균형 상태로 간주되며 생명체 존재의 매우 강력한 단서가 된다.

외계 행성뿐 아니라 태양계 내 위성들도 외계 생명체 탐사의 핵심 대상이 된다. 특히 목성의 위성 유로파, 토성의 위성 엔셀라두스 등은 표면은 얼음으로 덮여 있으나 내부에는 액체 바다가 존재하는 것으로 알려져 있다. 이러한 위성에서 과학자들은 간헐천(Geysers) 같은 구조를 통해 내부 바다에서 솟아오르는 물질을 분석할 수 있다.

나사의 카시니(Cassini) 탐사선은 엔셀라두스의 간헐천에서 메탄이나 포름알데히드 등과 같은 탄소 기반 유기화합물을 검출했다. 이는 내부 바다에서 화학적 에너지원과 함께 생명에 필요한 성분들이 모두 존재할 가능성을 제시하며, 태양계 내에서 생명체 존재 가능성이 가장 높은 천체로 평가받게 되었다.

현대 과학이 현재까지 밝혀낸 생명체 구성의 공통점은 분명하다. 그것은 탄소 기반의 유기 화학 구조를 바탕으로 한 복잡한 분자 시스템이다. DNA, 단백질, 세포막, 효소 등 주요 생체 분자는 탄소를 중심으로 결합되어 있다.

이러한 구조적 특성과 다양성은 지구에서만 우연히 탄생한 것이 아니라 우주의 보편적 조건 속에서 자연스럽게 발생할 수 있는 결과로 여겨진다. 즉 탄소는 화학적으로 가장 현실적이고 강력한 생명체 기반 원소로 자리매김하고 있으며, '생명체는 곧 탄소 생명체'라는 가설이 점점 더 과학적인 설득력을 얻고 있다.

우리는 외계 생명체를 찾는다는 명목으로 우주에 망원경을 쏘고 화성에 탐사차를 보낸다. 그러나 이와 같은 탐색은 결국 탄소라는 가장 작은 단서를 따라가는 여정이다. 탄소는 단지 원소에 그치지 않는다. 우주에서 생명이 존재한다는 가능성을 정의하는 핵심 단위이며, 그 첫 흔적을 쫓는 일은 우주 생명의 문을 여는 첫 걸음이 된다.

신화에 담긴
탄소의 비밀

 '우리는 어디에서 왔는가?'라는 질문은 인류 문명이 시작된 이래로 계속되는 탐구 주제다. 생명의 기원은 인간이 자아를 인식하는 순간부터 종교와 신화, 철학과 과학을 아우르며 수많은 이야기와 이론 속에서 다양한 형태로 재현되었다.

 고대인은 자연현상을 설명하고 세계를 이해하기 위해 '신화'라는 상징 체계를 구축했고, 현대 과학은 이를 분자, 원자, 에너지와 같은 물리적 개념으로 치환해 생명의 조건과 기원을 실증적으로 탐색한다.

 얼핏 보면 이 2가지 접근은 다르게 보일 수 있다. 그러나 깊이

들여다보면 공통적인 인식과 통찰, 특히 생명의 물질적 기반인 탄소에 대한 암시를 공유하고 있다는 점에서 놀라운 교차점을 형성한다.

오스트레일리아 원주민의 우주관을 이루는 핵심 개념인 드림타임(Dreamtime)은 시간의 흐름이 아닌 존재의 상태를 의미한다. 이 세계관에서는 산이나 강, 나무, 동물 등 모든 자연이 창조자이며 동시에 조상으로 여겨진다. 인간 역시 그 창조 질서 안에 포함되며 대지로부터 태어나고 대지로 돌아가는 존재로 인식된다.

드림타임 신화에서 생명은 대지에서 비롯된다. 이는 단순한 은유가 아니다. 현대 과학이 설명하는 바와 같이 생명의 기원은 약 40억 년 전, 지구의 원시 바다와 대기, 광물 표면에서 일어난 화학적 반응으로부터 시작되었다. 이 환경에서 탄소를 포함한 간단한 유기화합물들이 형성되었고, 이후 점차 복잡한 구조로 진화하며 최초의 생명체가 탄생했다. 즉 드림타임의 상징적 세계는 탄소 기반 생명체의 지구적 탄생이라는 과학적 진실을 신화적 언어로 표현한 것이라 볼 수 있다.

북아메리카 원주민 중 나바호족(Navajo)의 전통 신화 역시 자연과 인간의 관계를 하나의 영적 연속체로 이해한다. 이들의 세계관에서 대지는 단지 배경이나 자원이 아니라 살아 있는 존재, 즉 '어머니'다. 하늘은 아버지이며 이 둘의 결합을 통해 생명이 탄생한다. 이는 이원론적 세계관의 표현으로 물질과 정신, 자연과 인간의 조화를 상징한다.

나바호족은 흙을 생명의 씨앗이 담긴 그릇으로 여겼다. 이 흙은 생명을 낳고 품는 매개체다. 현대 과학에서도 생명의 기원을 설명할 때 광물과 물이 상호작용하며 유기화합물이 안정화되거나 복잡해질 수 있는 촉매로 작용했다고 추정한다. 결국 흙이라는 존재는 생명의 시작점이 되었으며, 이는 나바호 신화와 현대 과학이 같은 본질을 다른 언어로 설명하고 있음을 보여준다.

서아프리카의 요루바(Yoruba) 신화를 자세히 살펴보자. 창조신 오바탈라(Obatala)가 진흙을 빚어 인간의 형상을 만들고, 신 올로룬(Olorun)이 그 형상에 숨결을 불어넣어 생명이 완성되었다고 전한다. 이 신화에 등장하는 4가지 주요 요소는 흙, 물, 공기, 불이며 이는 고대 그리스의 4원소설(四元素說)과도 맥락을 함께한다.

오늘날 이 4가지 요소를 탄소, 수소, 산소, 질소 같은 주요 생명 구성 원소와 연계할 수 있다. 이와 같은 원소들은 생명체의 구성에 핵심적으로 작용하며 생명체 내 DNA, 단백질, 탄수화물, 지질 등을 이루는 기본이 된다.

또한 진흙은 광물과 물이 결합한 유기적 환경으로, 생명의 기원 연구에서 매우 중요한 요소다. 진흙 속의 광물은 유기 분자의 흡착, 농축, 촉매 반응을 도와 원시 생명체의 출현에 기여했을 것

고대 그리스의 4원소설

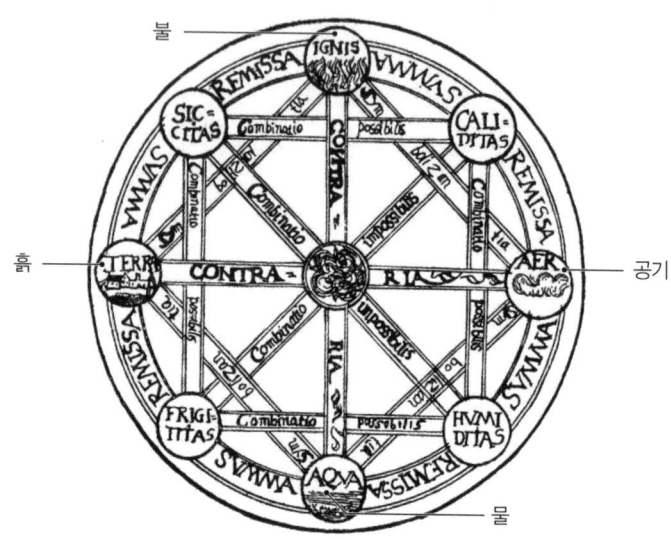

 으로 추정한다. 이와 같이 요루바 신화도 탄소 기반의 물질과 에너지, 그리고 생명의 탄생을 은유적으로 담아내고 있다.

 탄소는 생명의 핵심 원소다. 이 원소는 4개의 결합을 형성할 수 있어서 다양한 유기 분자의 기본이다. 탄소는 별 내부의 삼중 알파 과정을 통해 생성되었고, 백색왜성이나 초신성 폭발을 통해 우주로 방출되며 지구에 도달했다. 결국 우리가 오늘날 알고 있는 생명은 우주에서 온 탄소에 기반한 존재인 셈이다.

 흥미롭게도 고대 신화에서 강조한 흙이나 숨결, 불 등은 각각 탄소, 산소, 에너지로 환원될 수 있으며 현대 과학의 언어로 재해석될 수 있는 상징 체계다. 이처럼 인류는 오래전부터 무의식적으로, 상징적으로, 또는 영적으로 생명의 구성 요소를 직관하고 있었던 것이다. 이런 점에서 우리가 알고 있는 신화는 단순한 전설이 아니다. 그것은 기억된 과학이자 상징으로 표현된 자연철학일 수 있다.

고대 신화와 현대 과학은 같은 질문에 서로 다른 언어로 답하고 있다. 그 중심에는 '탄소'라는 원소가 있으며, 이는 생명의 기원을 연결하는 보이지 않는 실마리다. 우리가 누구인지, 어디에서 왔는지를 묻는 여정은 곧 우주에서 탄소가 어떻게 형성되었고, 지구에서 어떻게 살아 숨 쉬는 생명으로 변화했는지를 추적하는 일이기도 하다.

심해 열수구와
최초의 생명체

지구는 약 46억 년 전, 태양계 원시 성운의 중력 수축으로 형성되었다. 초기 지구는 마그마로 가득 찬 불덩어리였다. 소행성과 운석 충돌, 방사성 붕괴로 지구 표면은 매우 뜨거웠다. 이후 시간이 지나면서 지구는 서서히 식기 시작했고, 수증기가 응축되며 바다가 생겨났다.

이 시기의 원시 대기는 질소, 이산화탄소, 수소, 메탄, 암모니아 등으로 구성되어 있었다. 과학자에 따르면 번개, 자외선, 화산 활동 등이 이들 기체에 에너지를 공급하며 유기 분자의 형성을 유도했을 것으로 추정한다. 이는 생명의 전구체가 스스로 형성될 수 있는 조건을 의미한다.

'심해 열수구 기원설(Hydrothermal Vent Hypothesis)'은 생명이 지구에 어떻게 처음 등장했는지를 설명하는 유력한 가설 중 하나다. 이 이론에 따르면 생명은 수천 미터 깊이의 바닷속인 높은 온도의 열수(Thermal Fluid)가 분출되는 열수구(Hydrothermal Vent) 주변에서 탄생했을 가능성이 높다. 이와 같은 환경은 격렬한 에너지 흐름과 다양한 무기물 반응이 일어나는 매우 역동적인 장소다. 여기에서 생명체의 탄생에 필요한 복잡한 유기화합물이 생성되었다.

무엇보다 심해 열수구 환경에서 탄소가 생명의 화학적 토대로 작용했다. 모든 생명체는 탄소 기반의 분자인 아미노산이나 핵산 등으로 구성되어 있다. 심해 열수구에서는 탄소의 독특한 화학적 특성 덕분에 생명의 기초가 되는 분자들이 자연적으로 형성될 수 있었다.

예를 들어 열수구에서는 메탄이나 포름산이 생성되면서 에너지원으로 사용하거나 복잡한 유기화합물이 진화할 수 있는 조건이 만들어졌다. 이러한 반응들이 반복되고 점차 복잡한 탄소화합물이 축적되면서 아미노산, 뉴클레오타이드(Nucleotide)와 같은 생명체 구성 요소의 초기 형태가 형성되었을 것으로 추정한다.

탄소가 생명의 핵심 원소가 될 수 있었던 것은 다음과 같은 특성 덕분이다. 첫째, 4개의 공유결합 가능성이다. 이를 기반으로 다

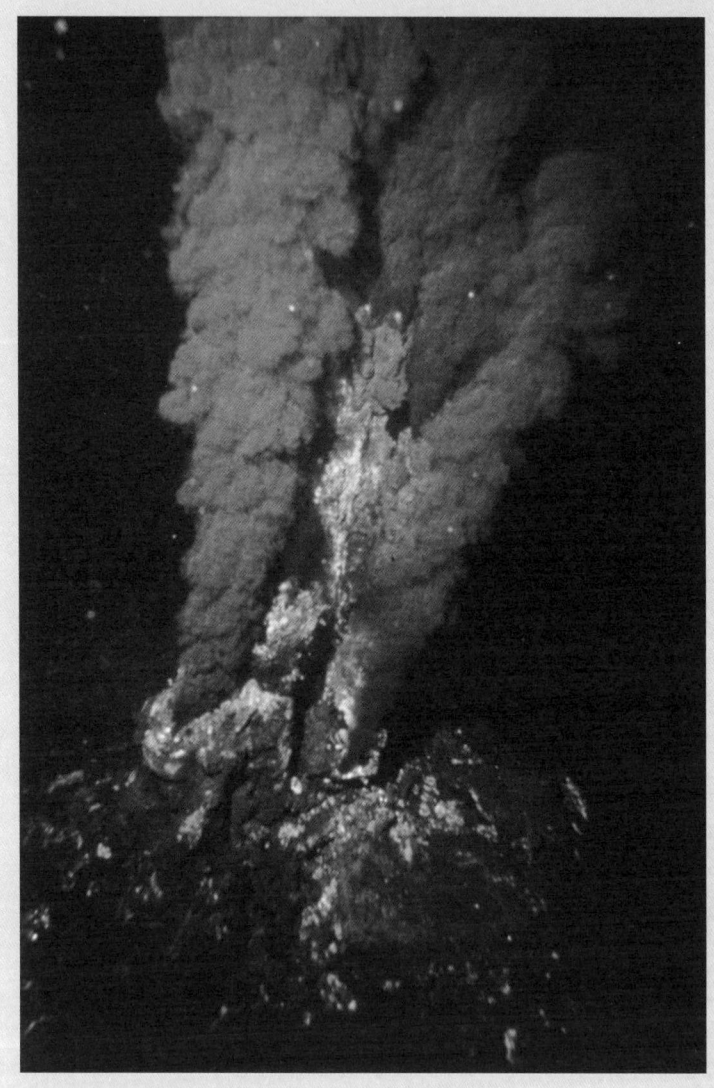

+++ 심해 열수구의 블랙 스모커

양한 구조의 분자가 형성될 수 있다. 둘째, 고온, 고압 환경에서도 안정적으로 존재할 수 있다. 셋째, 산소, 수소, 질소, 황 등 다른 원소들과 쉽게 결합할 수 있다. 이와 같은 이유로 탄소는 원시 지구의 열수구 환경에서 가장 유리한 유기 분자 기반 원소였으며, 생명으로의 진화를 가능하게 한 핵심 동력 중 하나로 평가받는다.

심해 열수구는 고온, 고압, 다양한 촉매 환경을 제공하며 탄소 기반 분자의 형성과 진화를 이끌 수 있는 최적의 장소였다. 이런 점에서 탄소는 무기물 반응에서 출발해 복잡한 생명체 구조를 가능케 한 '생명의 설계자'가 되었다.

탄소는 어떻게
세포를 설계했는가?

1950년대 초, 과학자들은 생명이 어떻게 무기적인 환경에서 유기적인 존재로 진화할 수 있었는지에 대해 근본적인 의문이 있었다. 특히 '생명의 기원'에 대한 과학적 설명으로는 무생물로부터 생명이 자연 발생했을 가능성을 증명하는 것이 큰 과제였다.

시카고대학의 스탠리 밀러(Stanley Miller)와 그의 지도교수 해럴드 유리(Harold Urey)는 원시 지구의 대기 조건을 실험실에서 재현했다. 이는 '자연적인 조건에서 생명 구성 요소가 생성될 수 있는가'를 실험한 것이다.

이들은 1953년에 2개의 유리 플라스크와 그 사이를 연결하는 여러 관과 장치를 구성했다. 이는 원시 지구의 해양과 대기, 번개나 응축 등 기상 현상을 일으킬 수 있도록 고안되었다.

먼저 아래쪽 플라스크에 물을 넣고 가열해 수증기를 발생시켰다. 이는 원시 바다에서의 증발을 재현한 것으로, 발생된 수증기는 기체가 혼합된 밀폐공간으로 이동한다. 밀폐공간은 원시 대기의 조건을 반영해 수소, 메탄, 암모니아, 수증기 등의 가스를 혼합한 상태로 유지되었으며, 그 혼합 비율은 당시 과학자들이 추정한 초기 지구의 대기 조성을 바탕으로 구성되었다.

기체가 혼합된 밀폐공간에는 고전압 전극이 설치되어 있었고, 이를 통해 전기 방전이 일어나도록 해 번개를 일으켰다. 이 방전은 혼합된 기체에 강력한 에너지를 공급해 분자 간 화학 반응을 유도하는 역할을 했다. 반응이 끝난 후 생성된 기체와 액체는 다시 냉각기로 이동해 온도가 낮아지면서 응축되고, 응축된 물질은 아래쪽 수집 플라스크에 모인다. 이와 같은 과정을 통해 수집된 용액에는 새롭게 생성된 유기 분자들이 포함되어 있으며, 이후 이를 분석해 아미노산 등의 생성 여부를 확인할 수 있었다.

실험 과정은 마치 원시 지구의 기후 순환 시스템처럼 작동했다. 해양에서 수증기가 증발하고 대기 중에서 에너지 반응이 일어난 뒤 응축되어 다시 해양으로 돌아오는 일련의 과정이 실험 장치

내에서 반복되면서, 생명 기초 물질이 생성될 수 있는 자연환경을 실험적으로 구현한 것이다.

이런 점에서 스탠리와 유리의 실험은 탄소 기반의 단순한 분자들이 자연조건에서 생명의 구성 요소로 자발적으로 발전할 수 있음을 증명한 역사적 이정표가 된다. 그리고 탄소는 아미노산, 단백질, 생체분자로 이어지는 생명의 화학적 사슬을 시작하는 데 결정적인 역할을 했다.

이 과정으로 탄생한 생명체의 가장 기본적인 단위가 세포다. 세포는 외부 환경과 내부 환경을 구분하는 세포막(Cell Membrane)을 가지고 있고, 이는 생명의 경계를 정의하는 구조물이다.

세포막의 주된 구성 요소는 인지질(Phospholipid)이다. 인지질은 특별한 구조적 성질을 가지고 있다. 여기에서 그 핵심은 바로 양친매성(Amphipathic)이라는 특성이다. 즉 분자 안에 물과 잘 섞이는 친수성(Hydrophilic)과 물과 섞이지 않는 소수성(Hydrophobic)을 동시에 지니고 있어 생체 내에서 독특한 배열과 기능을 가능하게 한다.

인지질의 머리 부분이 친수성 구조로 되어 있다. 여기에는 글리세롤(Glycerol)과 인산기(PO_4^{3-})가 결합되어 있다. 글리세롤은 3개의 탄소 원자를 중심으로 수산기(-OH)가 결합한 구조로, 인지질 전체의 뼈대를 이루며 안정성을 제공한다. 또한 인산기는 전하를 띠는 성질 덕분에 물과 잘 섞인다. 때문에 이 부분은 세포 안팎의 수용성 환경과 상호작용이 가능하다.

인지질의 꼬리 부분은 물과 섞이지 않는 소수성 성질을 지닌 지방산 2개로 이루어져 있다. 지방산은 각각 약 16~18개의 탄소 원자가 직렬로 연결된 긴 탄화수소 사슬로 구성되어 있으며 물과 접촉을 피하려는 성질을 가진다. 이 구조 역시 탄소 원자들이 중심이 되어 형성되며 유연성과 화학적 안정성을 동시에 제공한다. 다시 말해 인지질은 탄소 골격을 기반으로 해 친수성과 소수성의 양면성을 갖춘 분자로, 이는 세포막이라는 복잡한 생명 구조 형성에 결정적인 열쇠가 된다.

이와 같은 구조적 특성을 가진 인지질은 수용액 환경에서 매우 독특한 행동을 보인다. 인지질 분자들은 수중에 존재할 때 스스로 배열되는 성질, 즉 자발적인 자기조립(Self-assembly) 능력을 갖기 때문이다. 친수성 머리 부분은 물과의 상호작용을 위해 바깥쪽을 향하고, 소수성 꼬리 부분은 물을 피하려고 안쪽으로 향하면서 두 층으로 배열된 인지질 이중층(Phospholipid Bilayer)이 형성된다. 이런 구조는 세포막의 기초적인 형태로서 생명체 내에서 외부 환경과 내부 환경을 물리적으로 구분하는 경계 역할을 한다.

형성된 세포막은 물리적 장벽을 넘어 생명 유지에 필수적인 여러 기능을 담당한다. 우선 외부 환경으로부터 세포를 보호해서 세포 내 물질이 무분별하게 유출되거나 외부 물질이 침투하는 것을 막는다.

또한 특정 이온이나 분자, 수분 등을 조절된 방식으로 투과시키고, 세포막 단백질을 통해 신호를 수용하고 외부 자극에 반응한다. 미토콘드리아 내막 등에서 세포호흡에 관여하는 반응도 일어난다. 이와 같은 생명 활동은 인지질의 독특한 구조와 이를 가능케 한 탄소의 유연하고 안정적인 결합 특성 덕분에 가능하다.

탄소는 생명의 구조를 이루는 데 핵심적인 원소다. 아미노산에서는 중심 원자로 단백질 형성을 주도하고, 인지질에서는 지방산과 글리세롤 구조를 통해 세포막 형성을 가능하게 한다. 결국 아미노산과 지질은 모두 탄소 사슬 위에 생명 기능을 실현한 분자들이며, 탄소가 없었다면 생명 탄생과 유지가 불가능하다. 그러므로 탄소는 단순한 구성 원소를 넘어 생명의 설계자이자 근본적인 틀이라고 할 수 있다.

생명의 첫 식사로서의
탄소

초기 생명체는 오늘날의 생물처럼 외부로부터 복잡한 유기 영양분을 섭취할 수 있는 능력이 없었다. 대신 원시 지구에 존재하던 단순한 무기물과 기체들을 직접 변환해 생존에 필요한 물질을 합성해야만 했다. 이 시기의 생명체들은 탄소를 중심으로 수소, 이산화탄소, 질소 같은 단순한 분자들을 활용해 에너지를 얻고, 생명체를 구성하는 유기 분자를 스스로 만들어내는 능력을 갖추었다. 이와 같은 대사 전략은 생명의 기초를 이루는 생화학적 진화의 중요한 출발점이었다.

수소는 원시 생명체에게 가장 중요한 에너지 원천 중 하나였다. 특히 수소는 강력한 환원제로 작용해 이산화탄소와 같은 기체를 환원시키는 데 사용되었다. 이 과정은 유기 분자를 형성하는 데 핵심적인 역할을 했다. 예를 들어 이산화탄소에 수소가 결합해 메탄을 생성하는데, 이러한 반응은 오늘날에도 고세균(Archaea)에 속하는 메탄생성균(Methanogens)에서 관찰된다.

이와 같이 수소를 이용해 이산화탄소를 환원시켜 탄소 기반의 유기 분자인 메탄을 만들어낸다. 이 과정에서 탄소는 산화 상태에서 환원 상태로 변화하며, 생명체가 에너지와 유기 자원을 저장하는 데 사용할 수 있는 분자로 전환된다. 이와 같은 반응은 생명의 초기 대사에서 에너지를 얻고 탄소를 활용하는 매우 중요한 출발점이었다.

이산화탄소 고정(Carbon Fixation)은 무기 형태의 탄소인 이산화탄소를 유기화합물로 전환하는 과정을 의미한다. 이는 생명체가 외부의 유기물을 섭취하지 않고 스스로 탄소 기반의 분자를 합성할 수 있게 해주는 핵심 대사 경로다. 예를 들어 수소와 이산화탄소가 반응해 포름산(HCOOH)이 생성되는데, 포름산은 이후 더욱 복잡한 유기산인 아세트산, 젖산, 그리고 아미노산 같은 생체분자로 발전할 수 있는 중요한 전구체로 작용한다.

또한 초기 생명체는 효소가 없던 시기에도 자연계에 존재하는 철이나 니켈 등의 금속 촉매를 이용해 이산화탄소를 단당류나 탄수화물로 변환했을 것으로 추정한다. 이와 같은 모든 반응에서 탄소는 중심에서 구조를 이루며 수소, 산소, 질소 등 다른 원소들과 결합해 생명체를 구성하는 복잡한 유기 분자들을 만들어내는 기반이 된다.

대기 중의 질소는 매우 안정적인 삼중결합을 하고 있기 때문에 생명체가 바로 사용할 수는 없다. 그러므로 초기 생명체는 질소고정(Nitrogen Fixation) 과정을 통해 질소를 암모니아 형태로 환원시켜야 했다. 이는 박테리아와 고세균 등 일부 생명체에서 여전히 사용되는 메커니즘이다.

암모니아는 이후 아미노산, 뉴클레오타이드, 단백질, 핵산의 구성 요소로 전환된다. 이 과정에서 생명체는 자가복제하고 단백질을 합성하며 유전 정보를 전달한다.

이산화탄소와 암모니아, 에너지가 결합하면 가장 단순한 아미노산 중 하나인 글리신(Glycine)이 형성된다. 글리신은 하나의 중심 **탄소** 원자를 기반으로 아미노기($-NH_2$), 카복실기($-COOH$), 수소 원자, 그리고 R기가 결합해 형성된 구조다. 여기서도 탄소는 아미노산 전체 구조의 뼈대로 작용하며 질소는 기능적 부분을 담당한다. 결과적으로 탄소와 질소는 단백질과 유전물질의 구조를 함께 만들어내는 필수 조합이다.

초기 생명체는 외부로부터 유기물을 얻는 대신 자가 영양 방식으로 생존에 필요한 물질을 생산했다. 이산화탄소를 통해 탄수화물, 지방산, 유기산 등 탄소 중심 유기 분자를 합성했고, 수소는 환원체로 작용해서 에너지를 생성했다. 질소는 아미노기 및 핵 염기를 형성하고 단백질 및 핵산을 구성했으며 철이나 황 등 무기물은 자연 촉매로서 반응했다. 이와 같은 대사 시스템은 탄소를 중심으로 생명체의 기본 구조 형성은 물론 에너지 저장, 유전 정보 전달, 환경 반응 조절 등의 생명 유지 기능을 가능하게 했다.

이 모든 과정의 중심에는 탄소가 있었다. 탄소는 생명 구조의 설계도이자 뼈대를 이루는 결정적 요소로 작용했다. 수소와 질소는 탄소 구조를 완성하는 데 필요한 에너지와 기능적 요소였으며 이 조합은 생명의 기초를 이루는 화학적 토대를 제공했다.

이런 점에서 탄소는 단순한 원소 그 이상이다. 고대 신화 속에서 흙, 진흙, 숨결로 묘사된 생명의 기원은 탄소의 존재와 직관적으로 연결되어 있다. 현대 과학은 신화적 직관을 정량적이고 실험적인 방식으로 설명함으로써 생명의 기원을 이해하는 새로운 관점을 제공한다.

초대륙의 탄생과
탄소의 연금술

판게아(Pangaea)는 약 3억 년 전 고생대 말기부터 형성되기 시작해 약 2억 년 전 중생대 초까지 존재했던 지구의 초대륙(Supercontinent)이다. 명칭은 고대 그리스어로 '모든 땅'이라는 뜻을 가진 'Pan(모든)'과 'Gaia(대지)'에서 유래했다. 이는 지구상에 존재하던 거의 모든 대륙이 하나로 합쳐졌다는 개념을 반영한다. 판게아는 단기간에 이루어진 것이 아니라 수억 년에 걸친 판구조론 활동(Plate Tectonics)의 결과였다.

판구조론은 지구의 겉껍질인 암석권이 여러 개의 판(Tectonic Plates)으로 나뉘어 있으며, 이들이 맨틀 대류로 인한 열에너지를

약 2억 5천 만 년 전 트라이아스기 초기의 판게아

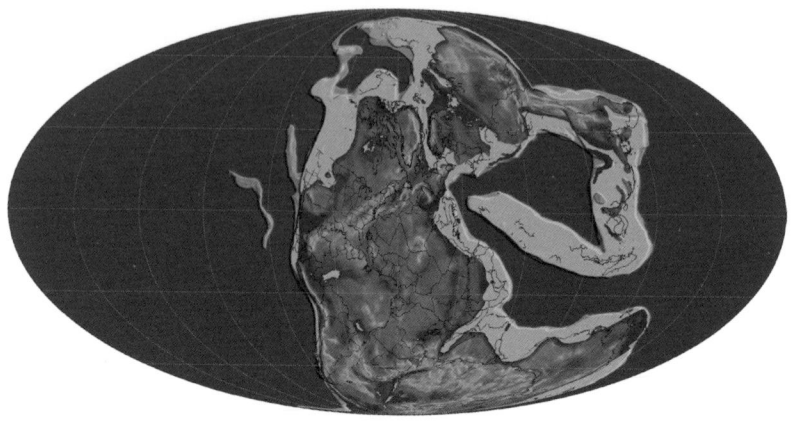

동력으로 해 서로 이동하면서 다양한 지질학적 현상을 일으킨다는 이론이다. 이와 같은 판의 운동은 단순히 지표의 구조를 바꾸는 데 그치지 않고, 지구의 탄소 순환에도 깊은 영향을 미친다.

예를 들어 수렴 경계에서 해양판이 대륙판 아래로 섭입될 때, 퇴적층과 해양지각에 포함된 유기물과 탄산염 광물 속 탄소가 함께 깊은 맨틀로 이동한다. 이때 탄소는 고온의 환경에서 일부는 화학적으로 재구성되어 저장되거나 일부는 화산 활동을 통해 이산화탄소로 방출되어 다시 대기 중으로 순환한다. 이는 지구 대기 중 탄소 농도 조절에 중요한 역할을 한다.

반면 발산 경계에서는 해양 중앙 해령에서 새로운 해양지각이 형성되며, 이 과정에서 심해저 화산 활동을 통해 맨틀에 존재하던 탄소가 대기로 유입되거나 해저로 흡수되어 다시 퇴적물로 고정된다. 또한 열수 분출공에서는 탄소 화합물이 생물학적 시스템과 상호작용해 깊은 해양 생태계와 탄소 저장고를 형성한다.

판의 경계에서 발생하는 주요 지질 작용은 지구 내부의 탄소를 지표로, 또는 지표의 탄소를 내부로 이동시키는 지구적 탄소의 순환 시스템을 형성한다. 그 결과, 수십만 년에서 수백만 년에 걸친 기후 변화에 직접적인 영향을 미친다.

오늘날 판구조론은 탄소 저장 기술(Carbon Capture and Storage), 기후 모델링, 해양 탄소 순환 분석, 화산의 이산화탄소 방출량 예측 등 과학기술 및 환경 정책 분야에서 적극적으로 활용되고 있다. 이는 판구조론이 지질 이론을 넘어 지구 전체의 환경과 생명 시스템을 이해하는 데 필수적인 과학적 틀이라는 사실을 보여준다.

판구조론의 작용으로 과거의 대륙인 로디니아(Rodinia), 판노티아(Pannotia), 로라우라시아(Laurussia), 곤드와나(Gondwana)는 수억 년에 걸쳐 서서히 서로 접근하고 충돌하면서 마침내 하나의 거대한 초대륙인 판게아로 통합되었다. 이 과정은 대륙의 병합에 그치지 않고 지구 탄소 순환의 전환점이 되었다. 거대한 대륙의 형성은 탄소의 저장, 방출, 그리고 생물학적 이용 방식에 커다란 변화를 초래했다.

판게아는 북반구의 로라우라시아와 남반구의 곤드와나를 중심으로 형성되었으며 오늘날의 유럽, 아시아, 아프리카, 아메리카, 오세아니아 대륙의 기원을 담고 있다. 이 대륙은 하나의 거대한 판 위에 존재한다. 이를 둘러싼 광대한 판탈라사(Panthalassa) 해양은 심해저 탄소 저장소와 해양 생태계의 기반으로 작용했다.

또한 판게아 내부에는 다양한 내해와 얕은 바다가 분포해 조류나 식물, 무척추동물 등의 유기 탄소를 저장하고 재활용하는 생태적 공간이었다. 그러나 초대륙의 중심부는 바다의 완충 효과에서 멀리 떨어져 있어 기후가 매우 건조하고 변덕스러웠다. 그 결과, 이산화탄소의 생물학적 고정과 식생의 분포가 제한적이었다. 이로 인해 대기 중 탄소 순환은 불균형을 보였고, 기후 역시 급격하게 변화했다.

판게아 형성은 해양 순환과 대기 대순환의 패턴을 변화시켜 지구 전체의 탄소 이동 경로에도 구조적인 영향을 주었다. 중심부에서는 육상 식생의 탄소고정이 제한되었고, 주변부의 얕은 해양에서는 광합성 플랑크톤과 산호, 조류 등이 활발하게 탄소를 고정하며 해양 생태계를 이끌었다.

생물 진화 측면에서도 판게아는 중요한 전환점이었다. 하나로 통합된 대륙은 서로 다른 생태계 간의 종 간 교류와 경쟁을 가속화해 일부 종은 멸종하고 다른 종은 적응 진화를 통해 새로운 생물군을 형성했다. 이 시기에 축적된 생물 기원 유기 탄소는 퇴적물로 축적되어 오늘날 석탄, 석유 등 화석연료의 기초가 되기도 했다.

반면 판게아가 다시 분열하면서 생물들은 지리적으로 고립된 생태계에서 적응 진화를 시작했고, 이후 탄소를 고정하는 생물 다양성의 확산과 함께 지구 기후의 장기적인 안정성에 기여했다. 이는 결국 중생대 이후의 공룡, 포유류, 조류의 번성과 지구 탄소 균형의 재구성이라는 결과로 이어졌다.

탄소 폭증이 부른
지구의 비극

　　페름기 대멸종은 약 2억 5천만 년 전, 고생대의 마지막 시기인 페름기(Permian)와 중생대의 시작점인 트라이아스기(Triassic) 사이에서 발생한 지구 역사상 가장 거대한 규모의 멸종 사건이다. 이 사건은 '대사멸(The Great Dying)'이라 불릴 정도로 피해 범위가 멸종을 넘어 지구 생명체의 전반적인 붕괴를 의미할 정도로 심각했다.

　　페름기 대멸종으로 인해 지구상에 존재하던 생물 종의 약 90~95%가 절멸했다. 특히 해양생물은 전체의 약 96%, 육상 척추동물은 약 70% 이상이 사라졌다. 이와 같은 수치는 몇몇 종이 사라졌다는 수준이 아니라, 기존의 생태계 기반 구조가 완전히 무너졌다는 것을 의미한다.

당시 바다를 지배하던 주요 생물군인 산호류, 완족류, 삼엽충, 암모나이트, 방산충 등은 대부분 사라졌다. 특히 석회질 껍질을 가진 생물들은 대기 중 온실가스의 증가로 인해 바닷물이 산성화되면서 생존이 크게 위협받았고, 바닷속 환경은 이들에게 극히 불리하게 변했다.

변화는 단지 표면적인 멸종으로 끝난 것이 아니라 먹이사슬의 가장 아래층에 있는 플랑크톤과 해저 저서생물들까지 영향을 받으며 해양 생태계의 기초부터 붕괴했음을 의미한다. 결과적으로 해양 생태계 전체가 기능을 상실했으며 이후 수백만 년 동안 회복이 더딘 상태로 지속되었다.

해양만큼이나 육상생물 역시 큰 타격을 입었다. 대형 양서류를 비롯해 초기 형태의 파충류 등 당시 육상 생태계에서 중심 역할을 하던 생물들이 사라졌다. 당시 지구의 급격한 기후 변화, 대기 조성의 변화, 산소 농도 저하와 같은 복합적 환경 요인에 따른 결과로 추정된다.

식물군에서도 큰 변화가 나타났다. 이전까지 광범위하게 분포하던 고사리류나 종자식물들은 사라지거나 줄어들었고, 침엽수류 중심의 식생으로 전환되었다. 기후의 극단적인 건조화와 고온화에 적응할 수 있는 식물들만이 생존했기 때문이다.

페름기 대멸종은 생물 종의 절멸 사건이 아닌 지구상의 해양과 육상 생태계 전반이 구조적으로 붕괴한 사건이었다. 그리고 생태적 공백은 새로운 생물군의 등장을 가능하게 하는 기회의 장이 되었다. 실제로 중생대에 들어서며 공룡을 포함한 새로운 생물 그룹이 부상할 수 있었던 것은 대멸종으로 인한 경쟁자의 소멸 덕분이었다는 분석도 존재한다.

페름기 대멸종은 우리가 오늘날 겪고 있는 기후 변화나 생물 다양성 위기와도 밀접하게 연계되어 있다. 따라서 인류에게 경고와 교훈을 제공하는 지질학적 사례로 알려져 있다.

당시 대멸종의 주요 원인 중 하나로 지목되는 현상이 '시베리아 트랩(Siberian Traps)'이라 불리는 지역에서 수십만 년 이상 지속된 대규모 화산 활동이다. 지각 활동은 지구 지표면을 덮을 만큼의 용암과 화산재를 분출시켰고, 막대한 양의 이산화탄소와 메탄 등 온실가스를 대기 중으로 방출했다.

그 결과, 지구의 평균 기온은 매우 짧은 지질학적 시간 안에 최소 6℃ 이상 상승한 것으로 추정된다. 과학자들은 당시 대기 중 이산화탄소 농도가 오늘날보다 무려 10배 이상 높은 3~10%에 달했다고 주장한다. 급격한 온도 상승은 생물의 생활 조건만 변화시킨 것이 아니라 지구 생명체가 존재할 수 있는 환경 자체를 무너뜨리는 계기가 되었다.

　기후 변화가 초래한 가장 직접적이고 치명적인 영향 중 하나는 해양 산성화였다. 대기 중 이산화탄소 농도의 폭발적인 증가는 바닷물에 흡수되어 탄산(H_2CO_3)을 형성했고, 해양의 수소 농도 지수(pH)를 낮추어 바닷물의 산성도를 급격히 상승시켰다. 이는 산호와 같은 석회질 껍질을 가진 해양 생물에게 치명적인 영향을 주었고, 껍질은 산성 환경에서 용해되어 생존 자체가 불가능한 수준에 이르렀다. 게다가 플랑크톤과 해양 바닥에 사는 생물까지도 피해를 입으면서 해양 먹이사슬이 무너지기 시작했다. 곧 해양 생태계 전체의 구조적 붕괴로 이어졌다.

　페름기 대멸종은 화산 활동 그 자체만이 아닌, 지각의 불안정성과 이에 따른 연쇄 반응 또한 주요 원인이었다. 고생대 석탄기 동안 퇴적된 거대한 매장 식물층이 지진이나 열에 의해 불타거나 붕괴하면서 이산화탄소뿐만 아니라 메탄 등 다량의 온실가스가 대기 중으로 방출되었다. 가스는 생물에게 직접적인 독성 작용을 일으켰고, 호흡 기관을 공격하거나 생존에 필요한 생화학적 환경을 급격히 변화시키는 등 전 생태계 생물들에게 치명적인 스트레스를 가중했다.

　그중에서도 메탄의 역할은 주목할 만하다. 메탄은 동일한 양의 이산화탄소보다 약 25배 이상 강한 온실효과를 가지는 기체다. 대기 중 짧은 시간 내에 기온을 급격히 끌어올리는 데 탁월하다.

해저 영구 동토층이나 대륙붕에 매장되어 있던 메탄이 해양 온도의 상승으로 분해되어 폭발적으로 방출되면서 지구의 기후 시스템은 극도로 불안정해졌고, 온난화를 급속하게 가속화했다. 그 결과, 지구는 순식간에 '온실 지구(Greenhouse Earth)' 상태로 진입했다. 이는 대규모 생물 멸종의 결정적인 계기가 되었다.

결과적으로 페름기 대멸종은 탄소의 급격한 축적과 순환 붕괴로 인해 발생한 지구 시스템 전체의 실패였다. 대기 조성의 변화, 해양 화학의 변화, 기후 시스템의 불안정, 생태계의 구조적 해체. 이 모든 것이 탄소라는 하나의 핵심 원소를 매개로 서로 연결되어 있었다.

이와 같은 역사적 사실은 오늘날 인류가 직면한 기후 위기와도 깊이 맞닿아 있다. 현재 인간의 화석연료 소비와 산업 활동으로 인해 대기 중 이산화탄소 농도는 산업화 이전 대비 급격히 증가하고 있으며, 지구온난화 현상은 과거와 유사한 방식으로 기후 시스템을 압박하고 있다.

과거 지구의 평균 기온이 단기간에 6℃ 이상 상승했던 사례는 오늘날 국제사회가 1.5℃ 혹은 2℃ 상승을 임계점으로 설정하는 이유를 뒷받침하는 과학적 근거가 된다. 과거에 이미 한 번 지구 생태계가 탄소 폭증으로 붕괴한 사례가 존재하기 때문이다.

이러한 점에서 페름기 대멸종은 그저 고대 생태계의 비극이 아니다. 그것은 탄소 순환의 무너짐이 어떻게 지구 전체에 재앙을 불러오는지를 보여주는 경고의 역사적 기록이다. 과거의 비극은 자연적 요인에 의한 결과였지만, 오늘날의 위기는 인간 활동에 의해 유발된 인위적 위기다. 그러므로 우리는 그 어느 때보다도 신중하고 과학적인 대응을 해야 한다. 그리고 탄소 배출 감축을 위한 정책적 실천이 절실하다.

우리가 지금 어떤 선택을 하느냐에 따라 지구 생태계는 회복의 길로 들어설 수도 있고, 과거와 유사한 파괴의 순환이 반복될 수도 있다. 결국 탄소는 생명을 지탱하는 기반이 될 수도 있지만 통제되지 않을 경우 파괴의 매개체가 될 수도 있다.

4장

탄소,
인류 문명을
이야기하다

탄소,
시간의 기록자가 되다

　　탄소는 생명의 구성 원소를 넘어서 이제는 시간의 흐름을 파악하는 열쇠이기도 하다. 우리가 과거를 이해하고 고대 문명을 복원하며 인류의 진화를 추적할 수 있는 중요한 방법 중 한 가지가 바로 '방사성 탄소 연대측정법(Radiocarbon Dating)'이다. 탄소의 동위원소인 탄소-14의 특성과 생물체 내 탄소 순환의 원리를 이용해 생명이 멈춘 시점을 정밀하게 추정할 수 있는 과학적 도구다.

　　자연에는 여러 형태의 탄소 동위원소가 존재한다. 그중 대표적인 것이 탄소-12, 탄소-13, 탄소-14다. 탄소-12와 탄소-13은 안정적인 동위원소이지만 탄소-14는 불안정한 방사성 동위원소로, 시간이 흐르면 스스로 붕괴해 다른 원소로 변한다.

탄소-14는 대기 중에서 질소(N-14)가 우주선의 영향을 받아 생성되며 이 탄소는 이산화탄소의 형태로 식물에 흡수되고, 다시 식물을 먹는 동물과 인간의 몸속에 축적된다. 생물이 살아 있는 동안에는 외부 환경과의 탄소 교환이 지속되면서 탄소-14의 비율이 일정하게 유지된다. 그러나 생물이 죽는 순간, 탄소의 순환은 멈추고 체내의 탄소-14는 더 이상 보충되지 않으며 자연 붕괴만 일어나기 시작한다.

탄소-14는 약 5,730년이 지나면 그 양이 절반으로 줄어드는 특성을 가진다. 그러므로 고대 유물이나 유적에서 발견된 생물에서 유래한 뼈나 천 등의 탄소-14 농도를 측정하면, 마지막으로 생명 활동을 한 시점을 산출할 수 있다. 이와 같이 탄소의 물리적 성질은 시간의 기록자로서 기능한다.

종교적 상징과 과학이 가장 극적으로 충돌한 사례 중 하나가 토리노 수의(Shroud of Turin)에 관한 연대 측정 논란이다. 토리노 수의에는 약 4.4m 길이의 천 위에 한 남성의 전신 이미지가 희미하게 새겨져 있다. 수 세기 동안 기독교 신자는 이 천을 예수가 십자가에 못 박혀 죽은 후 시신을 감쌌던 수의로 믿었다. 그리고 진위 여부를 둘러싼 논쟁은 오랜 시간 지속되어 왔다.

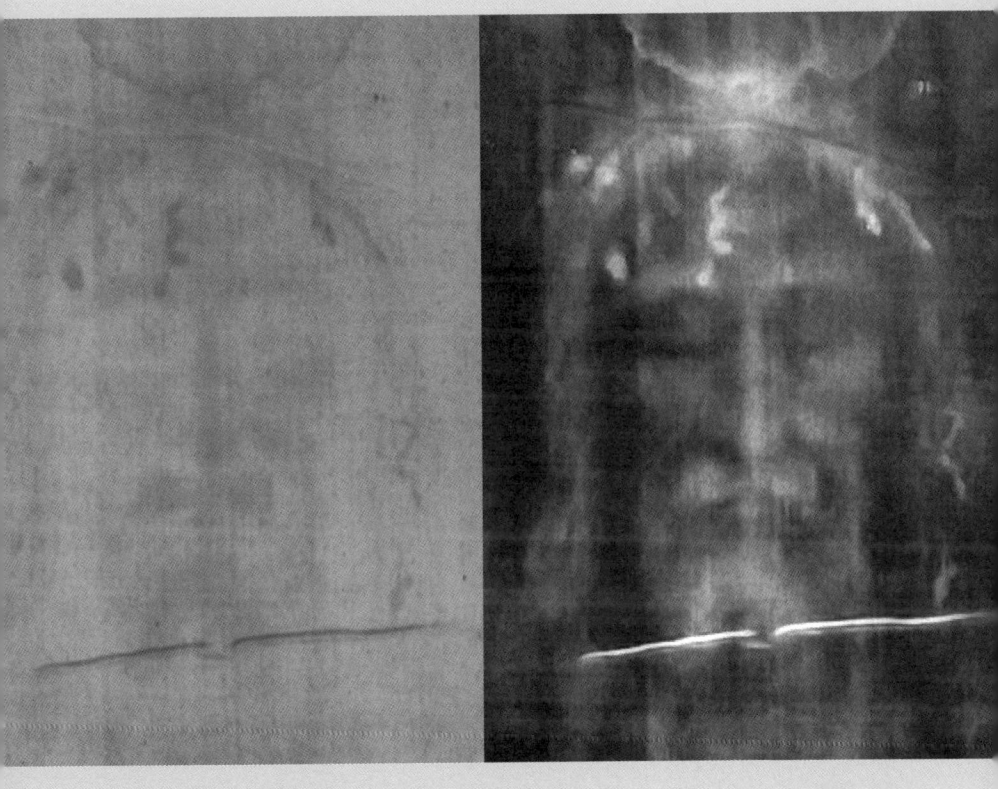

＋＋＋ 토리노 수의

천의 진위는 한 유물의 역사적 가치나 진본 여부를 넘어 기독교 신앙의 핵심 사건인 '예수의 죽음과 부활'에 대한 물리적 증거로 여겨질 수 있다. 그러므로 그 파급력은 매우 크다. 만약 이 수의가 실제로 1세기인 예수의 생존 시기에 제작된 것이라면 인류 역사상 가장 귀중한 종교적 유물이 될 수 있다.

1980년대 중반에 과학적 방법으로 수의의 진위를 밝히려는 시도가 있었다. 1988년에 로마 교황청의 허가 아래 영국 옥스퍼드대학과 미국 애리조나대학, 스위스 취리히연방공과대학이 각각 수의의 미세한 섬유 조각을 채취했다.

세 기관은 공통적으로 방사성 탄소 연대측정법을 이용했다. 천에 남은 탄소-14의 양을 정밀 분석하면 유기체가 죽은 시점을 계산할 수 있기 때문이다. 세 기관은 엄격한 블라인드 분석을 통해 독립적인 결과를 도출했고, 세 곳의 측정값이 일치했다는 점에서 신뢰도를 높였다.

탄소-14 측정 결과, 토리노 수의의 제작 시점은 1260년에서 1390년 사이로 판명되었다. 이는 수의가 예수의 시신을 감쌌다는 전통적 주장과는 약 1,200년이나 차이가 나는 결과였다. 분석은 과학적 정밀성에 기반한 결론으로, 수의가 중세 유럽에서 만들어진 물건일 가능성이 매우 크다는 것을 의미했다.

결과는 전 세계의 관심을 모았다. 특히 종교계와 학계에서 격렬한 반응을 불러일으켰다. 신앙적 신념과 과학적 사실이 충돌하는 전형적인 사례였기 때문이다. 많은 이들이 그 결과를 받아들였으나 일부는 측정에 사용된 천 조각이 중세에 수선된 부분에서 채취되었을 가능성을 들면서 이의를 제기했다. 결국 진위 논쟁은 아직 완전히 종식되지 않았다.

토리노 수의는 유물의 연대를 측정한 것 이상의 의미를 지닌다. 이는 탄소가 어떻게 시간을 담고 그 시간의 정보를 어떻게 인간이 읽어낼 수 있는가를 단적으로 보여주는 사건이었다.

탄소-14는 대기 중 질소가 우주선의 영향으로 변화하면서 생성되고, 이는 식물의 광합성 과정을 통해 생명체로 흡수된다. 생물이 죽는 순간부터 탄소-14는 더 이상 공급되지 않고 스스로 붕괴하면서 그 양이 점점 줄어든다. 결국 감소 곡선은 시간이라는 추상적 개념을 숫자로 환산할 수 있게 해주는 '자연의 시계'인 셈이다.

토리노 수의는 오랜 세월 동안 신앙과 숭배의 대상으로 존재했지만, 탄소라는 원소를 통해 그 시간의 진실을 과학적 시선으로 밝힌 사건으로 기록되었다. 우리는 탄소를 통해 거대한 문명과 신앙의 이야기까지 실증하고 재구성할 수 있는 시대에 살고 있다. 이처럼 탄소는 생명의 재료를 넘어 과거의 진실을 밝히는 도구로 활용될 수 있음을 보여준다.

탄소에 새겨진
인류 최초의 이야기

　　　　　　탄소는 생명을 구성하는 원소에 머무르지 않는다. 그것은 문명의 불씨를 붙인 원소, 즉 인간을 인간답게 만든 핵심 동력으로 작용했다. 특히 인류의 진화 역사에서 불의 발견과 활용은 생존 기술을 넘어서 인지 능력의 발전과 문명의 기반 형성으로 이어졌다. 그 중심에는 언제나 탄소 기반 유기물과 그것의 화학 반응인 연소가 있었다.

　지금으로부터 약 170만 년 전, 아프리카 대륙에서 출현한 호모 에렉투스(Homo Erectus)는 현생 인류의 직접 조상은 아니지만 인류사의 분기점에서 불을 도구로 활용한 최초의 종이다. 고고학 기록에 따르면, 이 시기부터 유적지에서 그을음 흔적, 숯, 탄화된 뼈와 나무 조각이 발견되기 시작했다. 이는 자연 발생적인 산불이 아닌 통제된 불의 사용을 의미한다.

불은 곧 연소이며 이는 탄소 유기물이 산소와 반응해 이산화탄소, 물, 열을 생성하는 화학 반응이다. 대표적인 연소 대상인 셀룰로스(Cellulose)는 식물의 주성분으로 탄소, 수소, 산소가 결합한 고분자다. 이 유기물이 연소하면서 열에너지와 빛, 그리고 일부는 숯으로 전환된다.

불을 사용한 화식(火食)은 인류 진화에 결정적으로 기여했다. 날음식은 오래 씹어야 하고 소화하기 어려우며 열량 흡수 효율이 낮다. 반면에 불을 사용하면 단백질의 구조 변화로 소화하기가 쉬워지고 탄수화물의 젤화 현상으로 열량 흡수율이 급격히 증가한다. 또한 미생물이 죽기 때문에 위생 상태가 향상되고 음식을 준비하는 시간이 단축되어서 여유 시간을 확보할 수 있다. 무엇보다 불을 통해 더 많은 열량과 영양분을 짧은 시간 내에 흡수하게 되면서 인간은 소화기관을 간소화해 뇌에 더 많은 에너지와 자원을 집중할 수 있게 되었다.

뇌는 인간 체중의 2% 정도이지만 전체 에너지 소비량의 20% 이상을 사용하는 기관이다. 이는 날음식만으로는 유지하기 힘든 고에너지 구조로, 불을 사용한 덕분에 뇌 용량의 진화를 가능케

한 결정적 배경이 되었다.

불의 등장은 생물학적 변화뿐 아니라 사회적·문화적인 진화를 촉진하는 기폭제가 되었다. 불을 사용하면서 공동체의 중심이 형성되었다. 불은 위험과 야생 동물로부터 보호하는 방어 수단이자 사람들을 모이게 하는 중심 장소가 되었다. 인간은 불 근처에 모여서 음식을 나누고 이야기를 나누며 언어, 의식, 규칙을 발전시켜 나갔다.

불은 시간의 감각을 변화시켰다. 인간은 야간 활동이 가능해지면서 시간을 주체적으로 조직할 수 있는 존재가 되었다. 낮과 밤이라는 제한된 시간 개념을 넘어서 기억과 계획이라는 추상적 사고의 기반이 형성된 것이다.

이와 더불어 불은 기술의 출발점이 되었다. 후일 불을 이용한 도자기 제작, 금속 제련, 유리 제조 등으로 개발되면서 열을 제어하는 능력은 문명을 구분하는 기술적 기준이 되었다. 기술의 배경에는 탄소 연료가 자리하고 있다.

호모 에렉투스는 불의 도움으로 혹독한 기후 조건에서도 생존할 수 있는 능력을 갖추게 되었다. 그 결과 아프리카에서 유라시아로 이동할 수 있었다. 불은 추운 기후에서 체온을 유지할 수 있는 수단이 되었고, 음식 자원을 다양화해서 새로운 환경에 적응할 수 있게 해주었다. 이런 점에서 불은 에너지, 안전, 사회, 문화, 기술, 생물학까지 포괄하는 종합적인 촉진제라 볼 수 있다.

탄소는 생명의 구성 요소이자 시간의 기록자, 동시에 문명의 불꽃을 붙인 도화선 같은 존재다. 인간이 불을 통해 연소를 이해하고 이를 조절하면서 생존을 넘어 진화와 발전의 단계로 도약했다. 탄소 유기물이 열에너지를 방출하는 그 순간, 문명과 지능, 공동체와 문화의 씨앗이 함께 불타올랐던 것이다.

오늘날 우리가 누리는 고도의 기술문명과 추상적 사고의 기원에는 불 앞에 앉아서 익힌 고기를 나누던 고대 인류의 흔적, 그리고 그 중심에서 연소하는 탄소의 불꽃이 있었다. 우리가 살고 있는 이 세계는 수많은 생명의 흔적과 인간의 손길이 쌓인 기억의 층위로 이루어져 있다. 그러나 그 기억의 시간은 보이지 않는 것이 대부분이다. 이런 과거를 우리가 이해할 수 있도록 도와주는 것이 바로 탄소다. 탄소는 생명의 기반일 뿐 아니라 생명이 멈춘 그 순간부터는 시간을 기록하는 도구로 활용된다.

고대 인류는 도구를 만들고 불을 피우고 동물 뼈를 이용해 무기를 만들었으며, 죽은 사람을 매장하고 동굴 벽에 그림을 그렸다. 이와 같은 모든 행위는 단순한 생존 활동이 아니라 문화의 시작이자 정신세계의 표현이었다.

오늘날 고고학자는 유적에서 탄소를 채취해 인류의 정신적 진화와 문명 전환이 언제 시작되었는지를 수치로 입증할 수 있게 되었다.

과학과 문화의 만남을 대표하는 사례 중 하나가 프랑스 남부 아르데슈 지역에 있는 쇼베 동굴(Chauvet Cave)이다. 1994년에 한 탐험대가 발견한 동굴로, 인류가 남긴 가장 오래된 예술적 표현 중 하나로 평가되는 그림이 있다. 동굴 내부에는 매머드, 사자, 코뿔소, 말과 같은 동물들이 정교하고 생생하게 묘사되어 있다. 일부 그림은 원근법이나 동작 표현까지 나타나 있다.

이 벽화는 단순한 그림이 아니다. 이것은 상징적 사고, 집단적 정체성, 그리고 자연에 대한 정서적 반응을 보여주는 예술 행위 중 하나다. 놀라운 점은 벽화가 숯을 이용해서 그려졌다는 사실이다. 숯은 탄소의 집합체이므로 탄소-14 연대 측정이 가능하다. 과학자들은 이 숯의 탄소-14를 분석해서 벽화가 그려진 시점을 약 3만 6천 년 전으로 추정했다. 하나의 예술 작품이 탄소를 매개로 과학과 예술, 과거와 현재, 감성과 이성이 만나는 지점이 된 것이다.

탄소-14 연대 측정이 특별한 이유는 시간을 수치화하고 문명의 연속성을 입증하는 과학적 언어이기 때문이다. 탄소-14는 인간이 의도적으로 기록한 연대가 아니다. 그것은 자연이 만들어낸 시간의 시계이자 우주와 지구의 역사를 기록하는 물리적 장치다. 인간이 이 시계를 읽게 되면서 구석기 시대의 이야기도 이해할 수 있게 되었다.

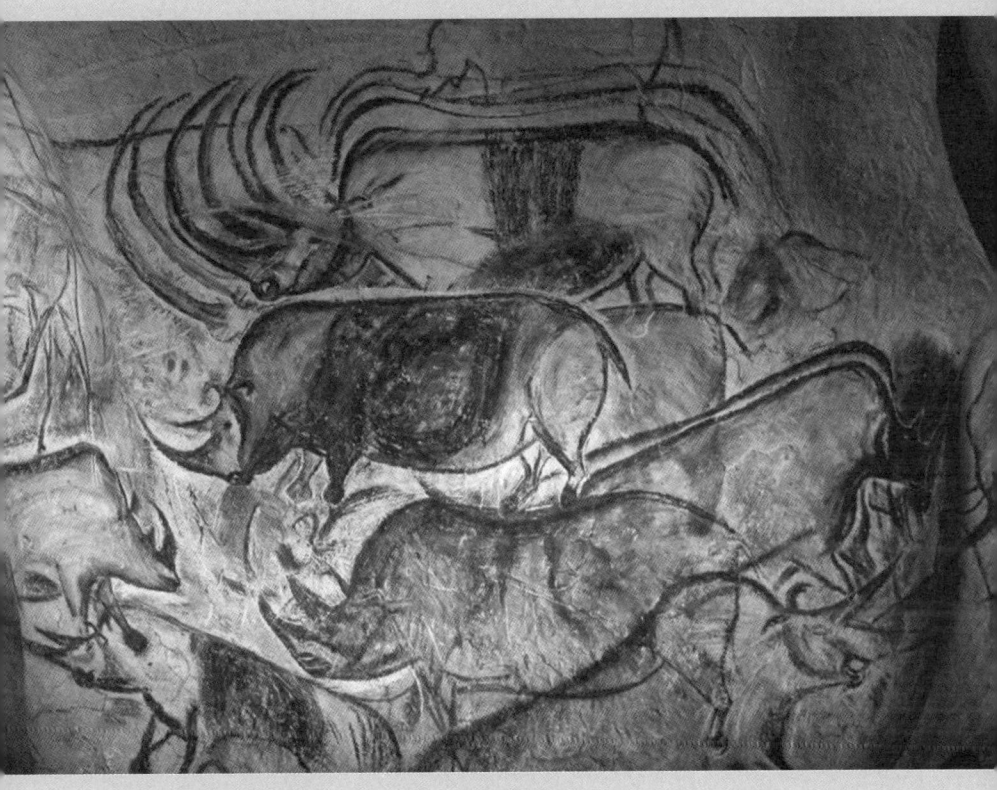

+++ 쇼베 동굴의 그림

예를 들어 유골이 발견되었을 때 이 시기를 아는 것은 그저 호기심이 아니다. 그 생명이 어느 시대를 살았는지, 어떤 환경에서 어떤 문화를 만들었는지를 결정짓는 핵심 요소다. 탄소 연대측정을 통해 우리는 고대인의 식단, 사회구조, 이동 경로, 신앙 체계까지 해석할 수 있었고, 비로소 인문과 과학의 다리를 건널 수 있었다.

탄소는 유기 분자의 바탕을 이루는 원소에 그치지 않는다. 생명의 시작부터 문명의 발전, 그리고 죽음 이후의 시간까지 모든 흐름을 기록하는 과학의 발자취다. 우리가 고대 유물 앞에서 감탄하고 동굴 벽화 앞에서 경외감을 느끼며 유골 앞에서 숙연해지는 이유는 그 대상이 오래되었기 때문만이 아니다. 그 속에 시간의 목소리, 곧 탄소가 들려주는 진실한 이야기가 살아 있어서 그렇다.

우리는 탄소를 읽는 법을 배움으로써 과거를 복원하는 데 그치지 않고 인류 전체의 존재를 철학적으로 성찰할 수 있다. 이를 통해 과거만 보는 것이 아니라 우리 자신이 어디에서 왔고, 어디로 가고 있는지를 이해하는 긴 여정에 참여하는 것이다.

전설에서 역사로의
탄소 연대기

한국인의 식단에서 가장 중심에 놓이는 곡물이 바로 쌀이다. 쌀은 배를 채우기 위한 음식이 아니라 문화와 존재를 상징한다. 우리의 역사에서 '밥심'이라는 말은 삶의 중심에 밥, 곧 쌀이 있다는 생활철학을 잘 보여준다. 우리나라에서 쌀은 농경의 역사 그 자체이며 민족 정체성의 상징이라 해도 과언이 아니다.

정체성은 오늘날에만 국한되지 않는다. 수천 년 전부터 전해 내려오는 전설과 지명 속에도 쌀은 신성하고 신비로운 존재로 등장한다.

충청남도 부여군 저동리에는 '쌀바위'라 불리는 커다란 바위가 있다. 전해지는 이야기에 따르면, 이 지역에 흉년이 들고 사람들이 굶주림에 시달렸을 때 바위 앞에서 빌면 신기하게도 쌀이 나왔다고 한다. 그래서 이 바위를 신이 내려준 구원의 징표로 여겼고, 오늘날에도 민속적 제례의 장소로 남아 있다.

경상남도 거창군에도 '쌀골'이 있다. 이곳 또한 쌀이 부족했던 어느 해, 사람들 사이에서 갑작스럽게 벼가 자라났다는 전설이 전해진다.

두 전설은 서로 지역은 다르지만 쌀이 하늘로부터 내려온 듯한 신성한 의미를 가진다는 점은 공통적이다. 오래전부터 쌀은 농산물이라는 것에 그치지 않고, 위기에서 사람을 살리는 초월적 존재였던 것이다. 이와 같이 쌀은 우리나라 역사와 민속 신앙에서 풍요, 생명, 신성, 축복을 상징한다.

신화적 상징을 넘어 과학적 증거는 쌀의 기원에 대해 구체적인 정보를 제공한다. 벼를 재배하게 된 것은 약 1만 년 전 동남아시아 지역, 특히 중국의 양쯔강 하류와 인도차이나반도 일대에서 시작된 것으로 알려져 있다. 이 지역에서 야생벼가 인간에 의해 길들여지는 과정을 거쳐 오늘날 우리가 아는 벼 품종으로 진화했다.

벼의 길들이기(Domestication)는 인류가 자연을 통제하고 식량 생산을 안정화하며 정착 생활로 전환하는 데 결정적인 계기가 되었다. 이 기술은 인접 지역으로 전파되었고 우리나라에도 전해졌

1만 5천 년 전의 소로리 볍씨

ⓒ한국선사문화연구원

다. 그러나 우리나라에서 발견된 쌀의 흔적은 이보다도 훨씬 오래된 것으로 추정된다.

1990년대 중반에 충청북도 청주시 옥산면 소로리에서 진행된 구석기 유적 발굴은 우리나라 고고학계뿐만 아니라 전 세계 식물학계를 놀라게 했다. 구석기 시대의 토탄층에서 볍씨 수십 알이 출토되었다. 이를 분석한 결과, 야생벼가 아니라 인간에 의해 재배된 재배벼의 형태를 갖추고 있었던 것으로 밝혀졌기 때문이다.

과학자들은 볍씨에 탄소-14 연대 측정을 실시했다. 그 결과, 기원전(BCE) 1만 3천 년 전의 것으로 밝혀졌다. 이는 현재까지 발견된 재배벼 흔적 중에서 가장 오래된 것이다. 이 유물은 우리나라의 농경 시기만 말해주는 것이 아니다. 우리나라가 쌀 문명의 주변부가 아닌 중심지 중 하나였을 가능성을 과학적으로 입증한 자료가 된다.

소로리 볍씨는 그 자체로 쌀의 역사이자 인류 문명의 기원을 밝히는 유산이다. 이때 그 가치를 밝혀낸 열쇠가 탄소였다. 탄소-14 연대측정 덕분에 소로리 볍씨는 오래된 식물의 흔적이라는 의미를 넘어 문명의 시점을 밝히는 증거가 되었다.

한국인에게 쌀은 굶주림 속에서도 생명을 이어가게 해준 하늘의 선물, 그리고 농경사회의 근간이자 정체성이었다. 전설 속 바위와 골짜기에서 솟아난 쌀은 신성한 존재였으며, 구석기 토탄층에 매장된 볍씨는 현대 과학과 탄소-14 연대측정을 통해 되살아난 역사였다.

우리가 매일 먹는 밥에는 수천 년 전 사람들의 삶, 자연과 인간의 상호작용, 그리고 탄소라는 보이지 않는 원소가 기록한 시간의 흐름이 응축되어 있다. 쌀은 먹는 것 이상이며 탄소는 보는 것 이상이다. 두 존재는 과거를 현재로 소환하는 통로가 되어준다.

신성한 소와 문명의
탄소 연대기

'벼'가 농경의 시작을 상징한다면 '소'는 농경이 확장되고 조직화되어 문명으로 발전해가는 과정을 대표하는 존재다. 인간이 처음 땅을 갈아엎고 씨앗을 심으며 자연에 뿌리를 내렸을 때, 소는 야생 초원에서 자유롭게 달리고 있었을 것이다. 그러나 인간이 소를 길들이고 노동력으로 전환하는 순간, 농업은 생계 방식에서 조직적 생산 체계로 진화하게 된다. 그 중심에는 언제나 탄소가 존재했다.

소는 고대 신화에서 자주 등장하는 존재다. 주로 가축이나 노동력이라기보다는 신성함과 생명의 근원으로 상징된다. 그리스

✚✚✚ 피터 라스트만, 〈이오와 함께 있는 제우스를 발견한 헤라〉, 1618년

신화의 대표적인 예가 바로 제우(Zeus)와 이오(Io)의 이야기다. 여신 헤라(Hera)는 제우스가 사랑한 이오를 질투했다. 그래서 그녀를 암소로 만들어 지상에 가두어 버렸다. 그녀가 다시 인간으로 돌아오기까지의 여정은 신의 질서, 인간의 의지, 그리고 생명의 순환을 상징한다.

고대 이집트 신화에서 하토르(Hathor)는 생명과 죽음, 사랑과 파괴, 음악과 광기, 육체와 영혼을 모두 품은 여신이다. 그녀는 하늘의 어머니이자 왕의 수호자이며 사후 세계로의 인도자다. 그런데 모든 역할은 단 하나의 상징으로 통합된다. 바로 '소'다. 하토르는 소의 형상을 한 여신이 아니라 소 그 자체를 신화적 혹은 우주론적 상징으로 승화시켰다. 그 결과, 고대 이집트에서 소는 생명을 유지하는 존재, 영양을 공급하는 어머니, 그리고 신이 인간을 바라보는 애정을 상징했다.

힌두교도 마찬가지다. 힌두교에서는 소를 가축의 의미를 넘어 인간의 삶을 유지해주는 어머니처럼 인식한다. 여기에는 소를 생명과 풍요의 근원으로 바라보는 힌두 철학적 세계관이 반영되어 있다. 농경사회에서 소는 우유, 버터, 요구르트, 치즈 등의 식품을 제공하고, 쟁기질과 운반 등 노동력을 제공하는 동반자였다. 또한 비료나 연료, 약 등을 제공했다. 소는 지속적으로 인간에게 필요한 자원을 공급하는 생명체다.

인도의 고대 경전인 『리그 베다(Rig Veda)』에서도 소는 풍요와 빛, 다산을 상징하고 신에게 바치는 신성한 제물로 등장한다. 예를 들어 파괴와 재생의 신 시바(Shiva)는 황소 난디(Nandi)를 자신의 수행자로 삼아 함께 등장함으로써 소가 신과 인간, 물질과 정신을 연결하는 상징적 동반자임을 보여준다. 그러므로 힌두교에서 소는 생명을 낳고 기르고 보호하는 우주의 순환과 조화의 상징이다.

여러 지역의 신화나 종교의 상징적 의미는 실제 역사와도 밀접하게 연결되어 있다. 고고학적 증거와 유전학적 분석에 따르면, 오늘날의 소는 과거 서아시아, 북아프리카, 유럽 전역에 서식하던 오록스(Aurochs)라는 대형 야생 소에서 유래했다. 초기에 오록스는 공격적인 성향이 강해 결코 길들이기가 쉽지 않았다. 그러나 기원전(BCE) 8천 년경, 메소포타미아 지역에서 최초로 오록스를 가축화하는 데 성공했다.

처음에는 고기와 가죽이라는 1차 생산물을 위해 소를 키웠지만 이후 우유나 노동력, 분뇨 등과 같은 2차 생산물을 활용하기 시작했다. 역사학자는 이 변화를 '2차 생산물 혁명(Secondary Products Revolution)'이라 불렀고, 이를 통해 인류의 삶은 급격하게 변화했다. 이처럼 소는 인간의 노동을 대체하고 잉여 생산을 가능하게 하며 사회 분업과 계층화, 정주의 안정성을 가져온 촉매였다.

농경사회에서 소를 본격적으로 활용한 것은 우경(牛耕)이다. 우경은 소의 노동력을 이용한 쟁기질을 의미하며, 우경은 도구의 변화뿐 아니라 인류와 자연의 관계를 재정의한 기술의 발전이다. 이 기술을 통해 인간은 토양 속의 탄소 기반 유기물을 끌어올리고 토양을 적극적으로 이용하기 시작했다.

우경의 기원은 최초의 문명으로까지 거슬러 올라간다. 메소포타미아나 나일강 등 문명이 최초로 시작된 지역에서 우경과 유사한 형태의 동물 노동이 존재했다는 고고학적 증거가 존재한다. 우리나라에서도 우경은 상당히 이른 시기에 시작된 것으로 알려져 있다. 『삼국사기(三國史記)』에 따르면, 이미 신라 시대부터 소를 이용한 쟁기질이 시작되었다는 기록이 있다. 이는 농업 기술을 넘어 사회 조직과 경제 시스템을 재편한 중요한 사건이었다.

우경은 인간의 노동력을 대체하고 경작 면적을 확대하며 일정한 수확량을 보장함으로써 농경사회를 발전시켰다. 그 결과, 잉여생산물이 증가했고 정착 공동체는 도시로 발전했으며 이후 분업화와 계층화가 나타났다. 즉 우경은 도시와 국가의 탄생과 밀접한 관련이 있다.

우경은 토양의 표면만을 경작하는 방식에서 벗어나 땅속 깊은 층까지 파고드는 기술을 발전시켰다. 이는 토양 내 유기물의 대규모 순환을 의미한다. 지표 아래에는 짧게는 수백 년, 길게는 수천 년에 걸쳐 형성된 탄소 기반 유기물, 즉 식물 잔해나 미생물, 배설

물 등이 저장되어 있다. 쟁기질은 탄소 기반 유기물을 공기와 접촉하도록 해 산화시켰다.

탄소는 기본적으로 토양 내에 고정된 유기 탄소(Soil Organic Carbon)의 형태로 존재하기 때문에 비교적 안정된 상태로 오랜 시간 보존된다. 그러나 우경으로 유기 탄소는 공기 중 산소와 접촉하고 그 결과 탄소는 산화되어 이산화탄소로 변해 대기로 방출된다. 다시 말해 우경은 경작의 효율성을 높이는 동시에 인류가 자연의 탄소 저장고를 활용해 생태계의 탄소 순환 흐름을 재구성한 역사적 시점이다.

이런 점에서 우경은 기술적 진보에 그치지 않았다. 인류 역사에서 우경은 경제적·사회적으로 중요한 요소였다. 유럽에서는 '중세 온난기(Medieval Warm Period)'에 경제적 번영이 도래했다. 당시 북반구의 평균 기온이 상승하면서 농경지의 경작 한계선이 북쪽으로 확장되었고 경작이 가능한 일수도 늘어났다.

이와 같은 환경에서 우경은 급속하게 확산했고, 식량 생산량과 인구가 증가하면서 도시와 상업이 발전하고 새로운 지식이 축적되었다. 우경은 경작 방식의 변화뿐 아니라 기후와 인구, 사회 조직, 그리고 탄소 흐름이 복합적으로 연계해 발생한 농경사회 발전의 핵심축이었다.

우경은 인간이 자연에 본격적으로 개입했던 최초의 기술적 시도였으며 탄소 흐름에 인위적으로 개입한 최초의 사례다. 우경 덕분에 인류 사회는 놀랄 정도의 수준으로 발전했다. 그러나 우경과 대규모 축산, 대량 식량 생산 체계 덕분에 메탄이나 이산화탄소를 대기 중에 점점 더 많이 방출해 심각한 기후 위기를 초래한다.

오늘날 전 세계적으로 약 10억 마리 이상의 소를 사육하고 있다. 문제는 대부분의 소가 반추위에서 풀과 섬유질을 발효시키는 장내 발효 과정을 통해 다량의 메탄을 배출한다는 점이다.

메탄은 탄소 1개와 수소 4개로 이루어진 간단한 유기화합물이지만 온실가스로서 이산화탄소보다 약 25배 이상 강력하다. 즉 농경사회의 원동력이었던 소는 현대 기후 위기의 주요 요인 중 하나인 것이다. 이와 같은 역설은 인류의 발전과 함께 탄소의 새로운 순환 고리가 형성되었음을 보여준다.

신화와 과학, 옥수수의 두 얼굴

옥수수는 오늘날 전 세계에서 많이 재배되는 식량 작물 중 하나다. 그 기원은 약 9천 년 전 멕시코의 테오시트란 계곡으로 거슬러 올라간다. 이 지역의 원주민들은 야생 풀인 테오신테(Teosinte)를 오랫동안 인위적으로 선택하고 교배해서 현대 옥수수의 형질을 갖춘 작물로 개량했다. 이는 인간과 자연이 협력해 만들어낸 생명 공학의 탄생이었다.

아메리카 원주민에게 옥수수란 식량 공급원에 그치지 않는다. 신의 선물, 생명의 씨앗, 창조의 증거였고 문화와 신앙의 핵심 축이었다. 마야 신화에서는 인간은 흙이나 나무가 아니라 옥수수 반죽으로 창조되었다고 전해진다. 이는 옥수수가 단순한 곡물 이상의 의미를 갖는다는 상징적 선언이다.

아즈텍 문명에서는 옥수수 여신 센테오틀(Centeotl)을 풍요와 희생, 순환과 재생을 관장하는 존재로 숭배했다. 옥수수는 자라며 생명을 주는 동시에 인간이 살아남으려면 베어야 하는 순환적 희생의 상징이다. 잉카 제국에서도 옥수수 재배를 신성한 의무로 여겼으며 제례나 국가 의례, 왕실 축제에서 핵심 곡물로 사용되었다.

옥수수는 식량이자 신화, 생존이자 믿음, 그리고 물질이자 상징이라는 이중적 정체성을 지닌 식물로 아메리카 대륙에서 독자적인 문명과 신앙 구조를 형성하는 기반이 되었다.

오늘날 옥수수는 아메리카 대륙을 넘어 전 세계로 퍼졌다. 특히 미국 중서부의 평야 지대, 즉 '콘벨트(Corn Belt)'라 불리는 지역에서 대량 농업 산업의 중심 작물로 부상했다. 일리노이주, 아이오와주, 인디애나주, 오하이오주, 미네소타주 등으로 이어지는 이 지역은 전 세계 옥수수 생산량의 상당 부분을 담당하고, 식량이나 사료, 에탄올 연료, 옥수수 기반 가공식품 산업 등 다양한 산업의 원천이 된다.

그러나 여기에는 수많은 대가가 따른다. 옥수수 재배는 대개 단일작물 재배 형태로 이루어지므로 토양의 유기 탄소 고갈이나 지력 감소, 해충과 질병에 대한 내성 증가, 과도한 농약 및 화학 비료 사용 등의 문제가 발생한다. 더욱이 유전자 조작(GMO) 옥수수가 대량으로 보급되면서 생물 다양성의 축소, 종자 독점, 소농의 붕괴 등 사회적·생태적 위기 역시 확대되고 있다.

이뿐만 아니라 토양 속 탄소 저장 능력의 감소는 대기 중 이산화탄소 농도의 증가로 이어지고, 이는 기후 변화의 가속화로 연결된다. 결국 옥수수는 탄소를 고정하는 식물이면서도 잘못된 방식으로 경작하면 탄소 배출의 원인이 되기도 하는 양면성을 가진다.

옥수수의 상징성과 산업적 현실의 이면을 문학적이고 상징적으로 포착한 작품이 바로 스티븐 킹(Stephen King)의 단편소설『옥수수밭의 아이들(Children of the Corn)』이다. 소설에 등장하는 미국 중서부의 조용한 시골 마을은 옥수수밭으로 둘러싸여 있다. 마을 아이들은 수상한 종교의식을 행하며 '옥수수 속의 존재'를 숭배한다. 소설에서 이 존재는 구체적으로 묘사되지 않지만, 자연의 본성과 인간에 대한 심판적 의지, 신성한 공포를 내포하고 있다.

소설에서 옥수수밭은 생명을 키우는 땅이 아니라 인간을 삼키는 기이하고 위협적인 생태적 미지의 공간으로 변한다. 아이들은 신의 계시를 받았다고 믿으면서 어른들을 제물로 삼고, 옥수수밭은 이와 같은 의식의 무대이자 숭배의 대상이 된다.

저자는 이를 통해 인간이 자연을 도구화하고 산업화의 이름으로 생태계의 질서를 위협한 결과, 오히려 인간이 자연의 초월적인 힘에 통제당한다는 공포를 그려낸다.

지구에서 식물은 광합성을 통해 대기 중의 이산화탄소를 흡수하고, 이를 탄소 기반의 유기화합물로 전환함으로써 모든 생명체의 기초를 형성하는 1차 생산자다. 광합성 작용은 단순히 식물이 자라기 위한 생리 작용에 그치지 않고 기후 조절이나 탄소 순환, 생물 다양성의 유지 등 지구 생태계 전체와 밀접한 관련성을 가진다. 특히 인간은 탄소 고정 메커니즘을 기반으로 식량과 에너지를 생산하면서 존재해왔다.

우리에게 가장 널리 알려진 광합성 경로는 C3 광합성이다. 이는 '루비스코(Rubisco)'라는 효소가 대기 중의 이산화탄소를 직접 고정해 3탄소 화합물(3-PGA)을 만드는 경로다. 현재 약 85% 이상의 식물에 이 방식을 이용한다. 그러나 C3 광합성은 기온이 상승하거나 수분이 부족한 환경에서는 매우 비효율적이다. 그 이유는 바로 광호흡(Photorespiration) 때문이다.

광호흡은 루비스코가 이산화탄소 대신 산소를 받아들여 탄소를 유기물로 고정하지 않고 오히려 방출하는 반응이다. 특히 기온이 높아질수록 루비스코는 이산화탄소보다 산소를 더 자주 받아들인다. 그 결과, 수분 부족으로 기공이 닫히면 대기 중 이산화탄소 유입이 줄어들고 광호흡이 더욱 촉진된다. 결국 식물은 광합성 효율과 생장 능력이 크게 저하된다.

문제를 극복하고자 훨씬 정교한 광합성 전략인 C4 광합성을 개발했다. C4 식물은 대기 중 이산화탄소를 먼저 말산($C_4H_6O_5$)이나 아스파르트산($C_4H_7NO_4$)과 같은 4탄소 화합물로 고정한 후 별도의 세포 내에서 이산화탄소를 방출해 실제 광합성을 수행하는 구조를 가진다.

이때 작용하는 것이 바로 크랜츠 구조(Kranz Anatomy)다. 크랜츠 구조는 엽육세포와 유관속초세포라는 두 종류의 세포가 함께 이산화탄소를 처리하는 메커니즘을 구성하는데, 이를 통해 고농도의 이산화탄소가 조성된다. 그 결과, 광호흡을 차단하거나 극적으로 줄일 수 있다. 이뿐만 아니라 C4 식물은 기공을 덜 열어도 충분한 이산화탄소를 확보할 수 있어 수분 손실이 적기 때문에 고온 및 건조한 환경에서 생존과 생산에 유리하다. C4 식물의 대표 식물이 바로 옥수수다.

최근 C4 광합성 경로를 C3 식물에 접목하기 위한 연구가 진행 중이다. 쌀, 밀, 콩과 같은 주요 작물은 기후 변화가 가속화되는 환경에서 생산성이 감소할 위험이 있다. 그러므로 유전자 기술을 활용해 C4 식물의 유전적 특성을 도입하고 있다. 이를 통해 미래 농업이 직면할 수 있는 기후 위기나 식량 위기를 극복할 '슈퍼 식물'이 개발될 것으로 전망한다.

설탕 제국주의와
탄소 순환의 대전환

　우리에게 익숙한 이탈리아 탐험가 크리스토퍼 콜럼버스(Christopher Columbus)는 스페인 왕실의 후원을 받아 대서양을 건너 아메리카 대륙에 도착했다. 그의 항해는 항로 개척이나 지리상 확장의 의미를 넘어 전 지구적인 생태 순환 체계와 문명의 구조를 뒤바꿔놓는 '탄소 중심의 대전환'의 출발점이었다.

　콜럼버스의 항해는 유럽, 아메리카, 아프리카 대륙 간에 삼각무역 체계를 활성화했으며 그 핵심에는 사탕수수(Sugarcane)가 있었다. 사탕수수는 원래 아시아 열대 지역에서 자생하던 식물로, 인류가 고대부터 재배한 작물이다. 그러다가 15세기 이후 유럽이 아메리카를 식민화하면서 사탕수수는 대규모 플랜테이션 농업의 핵심 작물로 변화했다.

사탕수수는 C4 광합성을 수행하는 대표적인 식물이다. 고온과 태양광이 강한 환경에서도 높은 광합성 효율을 유지하며 대기 중 이산화탄소를 빠르게 고정한다. 단위 면적당 바이오매스 생산량이 전 세계 식물 중에서도 손꼽힐 정도로 높아 설탕이나 럼, 에탄올 같은 고에너지 화합물을 대량 생산할 수 있다. 이런 점에서 사탕수수는 그야말로 '탄소 저장소'이자 '에너지 공장'이다.

사탕수수 플랜테이션이 본격적으로 확산한 것은 제국주의와 식민주의 구조가 결합한 결과였다. 서유럽의 일부 국가들은 사탕수수의 높은 생산성, 기후 적응성, 그리고 높은 시장 가치에 주목했다. 그리고 이를 통해 설탕이나 럼 등을 생산해 자국 내 부를 축적하려 했다. 문제는 식물의 탄소고정 능력을 단순히 경제적 이익으로만 환산하고, 그 이면의 생태적 또는 인간적 비용을 무시했다는 것이다.

사탕수수는 매우 빨리 자란다. 높은 광합성 효율 덕분에 짧은 시간 안에 많은 양의 탄소를 흡수하고 유기물로 전환할 수 있다. 그런데 이와 같은 생장 속도는 플랜테이션에서 '수확 주기 단축'이라는 압박으로 이어졌고, 결국 토양의 유기 탄소 고갈, 지력의 소진, 지속적인 비료 사용과 농약 의존 문제를 초래했다.

사탕수수가 광합성으로 고정한 탄소는 대부분 설탕이나 에탄올 등의 형태로 전환되어 빠르게 소비되었고, 이 과정에서 다시 대기 중으로 이산화탄소가 방출된다. 즉 탄소를 저장할 시간이 없이 곧바로 순환을 마치는 구조가 형성되며, 토양 유기물이나 미생물 생태계 등 장기적 탄소 저장소를 파괴한다.

이뿐만 아니라 플랜테이션은 넓은 면적에 걸쳐 단일작물을 재배하는 방식이다. 이와 같은 시스템은 생태계가 본래 유지해 온 탄소 저장 구조를 파괴하고 생물 다양성을 축소하며 토양의 구조적 안정성을 무너뜨렸다. 특히 사탕수수는 수확 과정에서 잎과 줄기 등 지상부를 모두 제거하고 전부 태워서 처리하는 경우가 많다. 그 결과, 대량의 탄소가 단기간에 배출되며 탄소 중립성을 훼손했다.

무엇보다도 사탕수수 플랜테이션 농업은 극심한 노동집약적 산업이었다. 사탕수수는 재배부터 수확, 운반, 분쇄, 정제까지 고강도의 수작업이 지속적으로 필요하며, 기계화 이전 단계에서는 막대한 인력이 필요했다. 이를 해결하기 위해 서유럽 국가들은 아프리카에서 수천만 명의 원주민을 납치하거나 거래를 통해 노예로 삼아 아메리카로 강제 이주시켰다.

노예 노동은 인권 침해를 넘어 탄소를 기반으로 한 생물학적 에너지 순환을 사람의 육체로 대체한 시스템이었다. 아프리카 원주민들은 사탕수수가 흡수한 대기 중 탄소를 당으로 전환하는 생물학적 경로를 인간의 노동으로 대체하는 근원이었다. 이들의 노동력은 식민지 제국의 탄소를 기반으로 한 부를 창출하는 근간이었고, 결국 인류 역사상 최대 규모의 강제 이동과 생태계 파괴가 발생했다.

유럽에서는 무기, 섬유, 가공품 등이 아프리카로 향했고, 아프리카에서는 노예가 아메리카로 강제 이동했다. 아메리카에서는 노예 노동력을 활용한 설탕, 럼, 담배, 면화 등 탄소 기반 식민 작물이 유럽으로 실려 갔다. 이와 같은 삼각 무역 체계는 단순한 경제 구조가 아니라 탄소 물질의 흐름과 그것을 전환하는 에너지의 정치학을 형성했다. 결국 유럽은 탄소를 소비했고 아메리카는 탄소를 생산했으며, 아프리카는 그 생산을 위해 탄소 노동력을 공급한 것이다. 이런 점에서 사탕수수 플랜테이션은 식민지 시대의 탄소 제국주의의 근원이었다.

오늘날 사탕수수는 다시 주목받고 있다. 에탄올 기반 바이오연료 때문이다. 브라질을 비롯한 여러 국가는 사탕수수 기반 바이오에탄올을 친환경 연료로 간주하고, 이를 대규모 산업화하고 있다.

그러나 이는 과거의 사탕수수 플랜테이션과 매우 유사한 방식으로 운영되고 있다. 특히 삼림을 개간해 경작지로 전환함으로써 탄소 저장소를 파괴하고 지속해 단일작물을 재배해서 생태계의

+++ 1885년경 루이지애나주 사탕수수 플랜테이션의 아이들 ⓒ뉴욕공립도서관 흑인문화연구소

회복력을 약화시킨다. 또한 바이오에탄올 연소 과정에서 이산화탄소를 배출한다.

이러한 점에서 사탕수수는 탄소를 저장할 수도 방출할 수도 있는 식물이다. 어떤 방식으로 사용되는지에 따라 기후 해결의 도구가 될 수도 생태계 파괴의 수단이 될 수도 있는 양면적 존재인 셈이다.

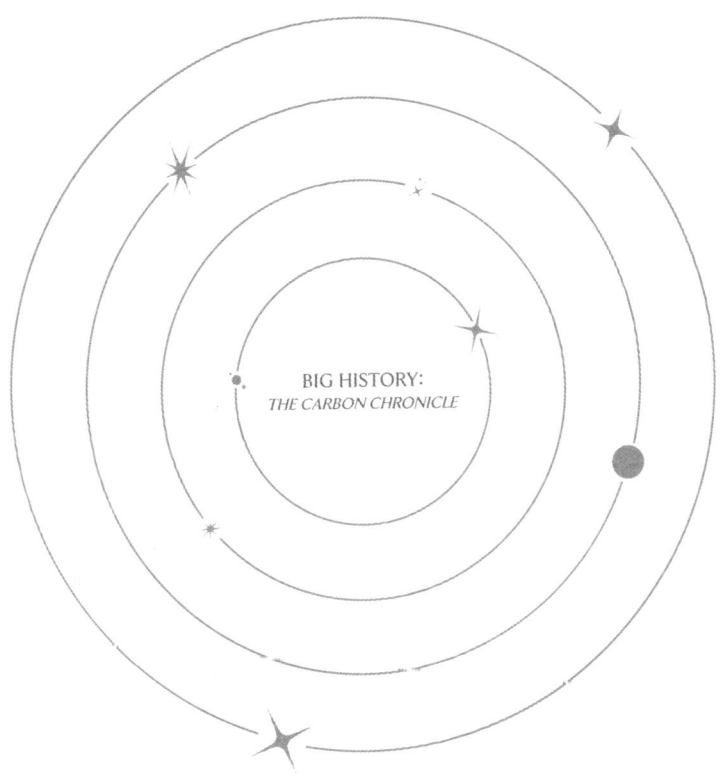

BIG HISTORY:
THE CARBON CHRONICLE

5장

소빙기와 석탄,
그리고 유럽의 부상

소빙기와
'여름이 없는 해'

　　기후는 문명의 형성과 변화에 결정적인 요소다. 농경의 시작, 도시의 성장, 제국의 붕괴 등은 모두 기후 변화와 깊은 관련성을 가진다. 그중에서 14~19세기 중반까지 지속된 소빙기(Little Ice Age)는 비교적 짧은 지질학적 기간이지만, 중세 말기에서 근대로 이행하는 데 중요한 전환점을 제공했다.

　　소빙기 동안 북반구 전역에서는 기온이 현저히 하락했다. 유럽, 아시아, 북아메리카 등 여러 지역에서 수확량이 감소하고 전염병이 확산하며 사회적 혼란이 이어졌다. 이와 같은 현상은 기후의 주기적 변화에 그치지 않고 대기 중 탄소 순환의 불균형과 밀접한 관련이 있다. 즉 인간 활동과 자연 현상이 복합적으로 작용하면서 대기 중 이산화탄소 농도가 감소하거나 축적되지 못해 기후가 냉각되고 인류 역사에도 깊은 흔적을 남긴 것이다.

1816년은 전 지구적인 기후 이상으로 인해 역사상 '여름이 없는 해(The Year Without a Summer)'로 기록되었다. 극심한 기후 현상은 1815년에 발생한 인도네시아 술라웨시섬에 있는 탐보라 화산의 대규모 분출 때문이었다.

탐보라 화산 폭발은 인류가 관측한 역사에서 가장 격렬한 화산 활동 중 하나다. 당시 화산은 폭발과 함께 거대한 충격파를 방출했고 막대한 양의 화산재와 기체가 성층권 상부까지 올라갔다. 이때 중요한 물질 중 하나가 약 1,600만 톤에 달하는 이산화황(SO_2)이었다.

이산화황은 스스로 온실효과를 일으키는 기체는 아니지만 대기 상층에서 매우 중요한 역할을 담당한다. 성층권에 도달한 이산화황은 공기 중의 수증기와 반응해 황산 에어로졸(Sulfuric Acid Aerosol)을 형성한다. 결국 미세한 입자들이 태양에서 지구로 들어오는 단파 복사 에너지를 반사해 지표면에 도달하는 총일사량이 크게 감소한다.

이와 같은 현상은 지구 대기권 전체에 걸쳐 광범위한 냉각 효과를 유도하는데, 그 결과 단기적으로 지표 기온이 급격하게 하강한다. 실제로 1816년에 북아메리카를 비롯해 유럽, 아시아에서는 한여름에도 서리와 눈이 내렸고 농작물이 거의 전멸했다.

기후 충격은 기온 저하만 초래한 것은 아니었다. 화산 활동은 단기적으로 대기 중에 이산화탄소를 다량으로 방출하는데, 평소라면 대기의 온실효과가 커질 것이다. 그러나 탐보라 화산 폭발처럼 대규모 분출에서는 이산화탄소가 대기로 방출되더라도 전체 탄소 순환 시스템의 반응이 이를 상쇄하거나 오히려 더 큰 냉각을 유도한다. 대기 중 태양광의 차단으로 인해 식물의 광합성 작용이 급격히 위축되기 때문이다.

광합성은 식물이 태양광, 물, 이산화탄소를 이용해 유기물질을 합성하는 생물권 내 탄소고정 과정이다. 그러나 태양광이 감소하면 식물은 광합성을 제대로 할 수 없고, 대기 중 이산화탄소를 유기물로 전환하는 능력도 감소한다. 광합성이 감소하면 식물 성장과 생장률 역시 저하되어 육상의 탄소 흡수원으로써 기능도 잃게 된다.

해양 생태계 역시 큰 영향을 받는다. 특히 미세 조류와 해양 플랑크톤은 태양광이 있어야만 광합성을 통해 탄소를 고정하고 해양의 생물 펌프(Biological Pump)를 작동시킬 수 있다. 그러나 태양광의 부족은 생태계 전체를 교란한다. 플랑크톤의 감소는 해양의 이산화탄소 흡수량을 감소시키고 탄소가 다시 대기 중에 머무르는 악순환을 유발한다.

또한 태양광 부족은 토양 생태계 내 미생물 활동에도 영향을 미친다. 저온과 습한 환경은 토양 내 유기물 분해 과정을 늦추고 이산화탄소 배출 속도를 늦춘다. 동시에 탄소의 순환과 방출이 불균형하게 이루어지면 전체 생태계의 탄소 흐름이 비정상적으로 지연된다. 평소라면 해양, 식생, 토양이 유기적으로 연결되어 이루어지는 탄소 순환 네트워크가 위축되거나 일시 정지되는 것이다.

이와 같이 대규모 화산 폭발은 이산화황 방출이나 기온 하강에 그치지 않고, 탄소 순환 전체에 영향을 미치는 복합적이고 체계적인 변화를 초래한다. 특히 1816년의 탐보라 화산 폭발처럼 규모가 극단적으로 클 경우, 지구의 기후 시스템은 회복에만 수년에서 수십 년이 걸린다. 이 시기 동안 대기 중 이산화탄소 농도는 일시적으로 감소하거나 평소의 순환 속도를 상실한 채 지연되는 현상이 지속된다.

화산 활동은 단기적으로는 탄소를 대기 중에 방출하지만 광합성 차단과 해양 흡수 감소 현상을 동시에 일으킨다. 그 결과, 탄소가 순환되지 못하고 정체되는 비정상적인 상태를 초래한다. 이는 생물권 전체의 에너지 흐름과 물질 순환을 정지시키는 위기다. 과학자들이 '탄소 순환의 정지 상태'라고 표현할 정도로 치명적인 생물 시스템의 교란인 셈이다.

역사적 사례는 자연재해와 탄소 시스템 사이의 복잡한 연관성을 잘 보여준다. 1816년의 '여름이 없는 해'는 화산 분출로 인한 이례적인 기후 현상이 아니라, 탄소의 순환이 얼마나 상호의존적인 과정인지를 잘 보여준다. 그리고 자연재해가 생태계에 어떤 연속적인 영향을 미치는지 잘 보여주는 사례다.

탄소 빈곤과
인류의 위기

　　마운더 극소기(Maunder Minimum)는 17세기 중반에서 18세기 초까지 약 70년간 태양 활동이 이례적으로 낮아졌던 시기다. 소빙기의 가장 혹독했던 시기와도 겹친다. 이 시기에는 태양 표면에 나타나는 흑점(Sunspot)의 수가 급격히 줄어들었는데, 관측 기록에 따르면 당시 수십 년 동안 흑점이 거의 관측되지 않았다고 한다.
　　태양 흑점은 태양의 자기 활동을 간접적으로 보여주는 지표다. 흑점이 많을수록 태양에서 방출되는 총 복사에너지가 증가하는 경향이 있다. 그러므로 마운더 극소기는 태양 복사량의 감소, 즉 지구에 도달하는 에너지의 총량이 줄어들었던 시기다.

태양 복사의 감소는 기후에 직접적인 영향을 미쳤다. 특히 북반구 고위도 지역에서 그 영향이 뚜렷하게 나타났다. 유럽 전역에서는 겨울이 길고 혹독해졌으며 템스강이 꽁꽁 얼어붙어서 '서리 시장(Frost Fair)'이 열릴 정도였다. 북아메리카 동부에서는 기록적인 한파와 이상 저온이 빈번하게 발생했고, 일부 지역에서는 여름조차 제대로 찾아오지 않았다. 이는 일시적인 이상 기후가 아니라 수십 년에 걸친 기후 변화였다.

태양 복사에너지가 줄어들면 지구 전체의 에너지 흡수량이 감소하고, 이는 기온 하강으로 이어진다. 문제는 단지 온도가 낮아졌다는 데 그치지 않는다. 태양광은 지구의 생명 유지 시스템, 특히 광합성의 기반이 되는 에너지다. 광합성은 식물과 조류, 일부 미생물이 태양광을 에너지로 이용해 대기 중의 이산화탄소를 유기물 형태로 고정하는 과정이다. 이와 같은 과정은 지구 탄소 순환의 핵심으로서 생물권과 대기권 사이의 탄소 흐름을 조절한다.

그러나 마운더 극소기 동안 태양 복사가 약화하면서 일조량이 감소하고 태양광의 강도도 약화했다. 이와 같은 조건은 식물의 생장 주기를 지연시키거나 어떤 경우에는 완전히 정지시키기도 했다. 특히 고위도 지역에서는 봄과 여름의 길이가 짧아지고 평균 기온이 낮아지면서 작물의 발아나 생장, 수확 주기에 모두 영향을 미쳤다. 결국 식물의 광합성률이 낮아지면서 대기 중에서 이산화탄소를 고정하는 양도 급속하게 감소했다.

탄소가 대기 중에 머물러 있으면 온실효과가 유지되거나 강화된다. 그러나 이 시기에는 대기 중의 이산화탄소 농도가 눈에 띄게 상승하지 않았다. 이는 해양과 토양에서 정상적인 탄소 순환이 발생하지 않았음을 의미한다. 기온 하강으로 해양 표면의 탄산염 포화도가 변화하고 해양 플랑크톤이 감소하며 토양 미생물 활동이 둔화하면서 이산화탄소의 흡수나 방출 기능이 불안정해져 탄소는 비활성화된 상태로 머무르게 되었다.

이러한 상황은 지구 대기를 '탄소 빈곤(Carbon Starvation)' 상태로 만들었다. 이는 이산화탄소가 부족하다는 의미가 아니라 탄소가 순환되지 않는 상태를 의미한다. 유기물이 생성되지 않으면 생태계 내 에너지 흐름이 둔화하고 생물 다양성과 생산성이 감소한다. 그 결과, 온실효과도 약화하면서 지구는 자체 복원력을 회복하지 못한 채 장기적인 냉각 상태가 되었다.

당시 인류는 대부분 농경에 의존하고 있었기 때문에 기후 변화는 생존과 직결되었다. 저온으로 수확량이 급감하고 농업 생산성이 하락하면서 여러 지역에서 심각한 기근이 발생했다. 17세기 유럽에서는 반복된 흉작으로 굶주림이 일상이 되었고, 쥐나 벌레에 의해 저장 식량이 손실되어 사회 전체가 극심한 식량난에 시달렸

+++ 작자 미상, 〈템스강 위의 서리 축제, 멀리 보이는 옛 런던 브리지〉, 1685년

다. 이는 전염병의 확산을 초래했다. 영양실조로 면역력이 저하된 사람들은 장티푸스, 페스트, 천연두 등의 질병에 더욱 취약할 수밖에 없었다.

태양 흑점의 감소로 인한 태양 복사 약화는 탄소 순환의 정체와 생태계 기능의 마비, 생물 생산력의 급감, 인류 사회의 위기라는 연쇄적인 결과를 초래했다.

오늘날 우리는 지구온난화라는 정반대의 관점에서 탄소 문제를 마주하고 있다. 그러나 이와 같은 역사적 사례는 탄소의 순환이 어떻게 자연과 인간의 생존에 절대적인 영향을 미치는지를 되돌아보게 한다. 탄소는 단순히 공기 중에 존재하는 기체가 아니라 지구 전체를 유기적으로 연결하는 생명의 순환 고리인 셈이다.

탄소 순환의 붕괴가 낳은
집단 공포

17세기 유럽은 기후 변화의 영향을 혹독하게 받았고, 다른 한편으로는 기후 위기를 이해하지 못한 사회가 만들어 낸 집단적 공포와 희생양이 만연했다. 소빙기의 절정기였던 이 시기에 기후 위기는 인류의 생존을 위협하는 직접적인 위험 요소였다. 빈번한 흉작과 대기근, 감염병의 반복적인 창궐은 일상을 뒤흔들었다. 극단적인 위기 상황은 경제적·물리적인 피해에만 그치지 않았고, 사회적·심리적 영역에서 강력한 불안과 공포를 불러일으켰다.

당시의 식량 위기를 수확 부족만으로 설명할 수 없다. 근본적으로는 기후 변화에 따른 탄소 순환 시스템의 붕괴가 배후에 있기 때문이다. 기온이 하강하면 식물의 성장 주기가 느려지고 광합성률도 저하된다. 이는 대기 중 이산화탄소를 고정할 수 있는 식물 자체가 감소하는 것을 의미하며 생태계 전체의 1차 생산력이 감소하는 결과를 초래한다.

생태계의 위축은 식물에만 국한되지 않았다. 토양 미생물은 유기물 분해와 탄소 재순환에 있어 중요한 역할을 하는 존재인데, 낮은 온도와 높은 습도 때문에 활동이 둔화한다. 해양 플랑크톤 역시 태양광 부족이나 냉수층 확산으로 생산성이 감소하며 해양의 이산화탄소 기능 역시 감소한다. 다시 말해, 소빙기의 기후 위기는 광합성과 토양 순환, 해양 흡수로 이어지는 전 지구적인 탄소 흐름을 축소했고 이는 탄소 순환의 정체를 초래했다.

문제는 당시에 이와 같은 현상을 과학적으로 이해할 수 없었다는 점이다. 기후 변화와 생태계 교란의 복잡한 메커니즘은 근대 과학이 등장하기 전에는 상상할 수 없는 개념이었다. 많은 사람들은 갑작스러운 재앙을 신의 분노나 악마의 간섭, 사악한 존재의 저주로 이해했다. 그렇게 등장한 것이 바로 '마녀'라는 사회적 희생양이었다.

유럽 전역에서 벌어진 마녀사냥은 종교적 광신이 아니라 기후 변화에 대한 집단 대응이었다. 흉작, 가축의 질병, 이상 기후, 전염

+++ 톰킨스 매티슨, 〈마녀 검사〉, 1853년

병 등의 원인을 특정 개인에게 책임으로 전가해 사회의 불안과 분노를 해소하려 했다. 실제로 마녀사냥의 발생 시기와 빈도는 흉작이나 기후 재앙의 주기와 일치하는 경향을 보인다. 역사학자에 따르면, 1560~1660년 사이에 마녀사냥이 절정에 달했는데 이 시기는 마운더 극소기와 중첩되는 가장 불안정한 시기였다.

급격한 기후 변화와 비정상적인 탄소 순환은 사회적 불안정을 자극했다. 이는 다시 폭력과 배제의 형태로 표출되었다. 17세기 유럽에서는 마녀라는 상징적 대상을 향한 박해로 이어졌다. 이를 통해 기후 변화가 자연 현상에 그치지 않고, 인간의 인식과 문화, 권력 구조와 연계된 복잡한 사건이라는 점을 알 수 있다.

역사적 경험은 오늘날 우리가 기후 변화나 탄소 문제를 바라보는 방식에도 중요한 시사점을 제공한다. 기후 위기의 본질은 단지 기온의 상승이나 이산화탄소 농도의 변화가 아니다. 그것은 지구 생태계의 순환 체계가 인간사회와 어떻게 상호작용하고 인류 전체의 위기를 초래할 수 있는지 보여주는 복합적인 과정이다. 그리고 이를 정확하게 이해하지 못하면 마녀사냥처럼 비이성적인 반응을 통해 약한 사람을 희생시키는 행위를 반복하게 될 것이다. 이런 점에서 탄소의 순환은 식물의 생장을 위한 생화학적 반응이 아니라 인류 사회의 안정과 지속 가능성을 좌우하는 핵심 메커니즘이다.

기후 위기의 원인이 된
고대 식물 유산

　　　　　　　　석탄은 인류가 활용한 대표적인 탄소 기반 화석 연료다. 석탄의 기원은 언제일까? 지금으로부터 약 3억 년 전인 고생대 석탄기(Carboniferous Period)까지 거슬러 올라간다. 이 시기에 대기 중 이산화탄소 농도는 매우 높았고 기온 역시 오늘날보다 온난했으며, 전 지구적으로 습윤하고 비옥한 기후 조건이 지속되었다. 이는 특히 적도 부근의 저지대 지역에 밀림 같은 습지 생태계를 형성하는 데 중요한 역할을 했다.

　당시 지구에는 거대한 양치류, 이끼류, 씨방 없는 고사리류, 최대 수십 미터에 이르는 거대 나무형 식물들이 번성했다. 식물들은 광합성을 통해 대기 중 이산화탄소를 흡수하고 이를 유기물의 형태로 고정해 생물량(Biomass)을 형성했다. 생물의 생장과 축적은 대기 중 탄소를 지상 생태계로 끌어들이는 중요한 과정이었다.

식물들이 수명을 다한 뒤에도 습지 환경에서는 산소 부족이나 높은 수분 함량, 낮은 미생물 활동 등으로 유기물 분해가 매우 느리게 진행되었다. 그 결과, 죽은 식물은 완전히 분해되지 못한 채 퇴적되었으며 습지의 바닥에는 유기물층이 형성되기 시작했다.

시간이 흐르면서 유기물층은 토사나 퇴적물로 덮이고 지질 활동에 따라 더 깊은 지층으로 가라앉았다. 이후 수천만 년에 걸쳐 지하 깊은 곳에서 고온과 고압의 환경에 노출되면서 유기물층의 이탄(Peat)은 점차 갈탄(Lignite), 역청탄(Bituminous Coal), 가장 단단하고 탄소 함량이 높은 무연탄(Anthracite)으로 변했다. 이 과정을 '탄화(Carbonization)'라고 하는데, 생물에서 유래한 유기물이 고농도의 탄소 덩어리로 변하는 일련의 지질학적 과정이다.

석탄은 연료 그 이상의 의미를 가진다. 석탄은 수억 년 전에 태양에너지가 식물을 거쳐 탄소 화합물 형태로 변환되고 다시 퇴적층에 갇혀 압축되어서 만들어졌다. 생명체의 화학적 유산이자 에너지 저장소다. 석탄은 생물권이 오랜 시간 동안 대기 중 이산화탄소를 흡수하고 이를 생물체의 형태로 고정한 후 지구 내부에 봉인한 탄소 저장 구조물인 셈이다.

산업화 이후 인류는 석탄을 엄청나게 사용하기 시작했다. 석탄을 대량 채굴하고 연소하면서 수억 년 전부터 지하에 격리되어 있던 탄소를 대기 중으로 방출했다. 이 과정에서 막대한 양의 이산화탄소가 단기간에 공기 중으로 다시 유입되었다. 이는 지구의 탄소 순환 체계에 전례 없는 속도로 탄소를 투입하는 결과를 초래했다. 석탄의 연소는 단지 에너지원을 바꾸는 기술적 행위에 그치지 않고, 자연 생태계의 탄소 저장 균형을 인위적으로 깨뜨리는 행위였던 셈이다.

그동안 지질학적 시간에 걸쳐 서서히 진행되던 탄소의 축적과 봉인을 불과 수백 년 만에 되돌려놓음으로써 인간은 대기 중 이산화탄소 농도 상승과 지구 기온 상승이라는 새로운 환경적 위기를 초래했다. 이는 단순한 자원 소비가 아니라 지구 시스템 전체를 재구성하는 역사적 사건이었다.

에너지 전환과
탄소 순환의 변화

　　　　　　산업화 이전의 인류 문명은 주로 목재처럼 재생 가능한 자원에 의존했다. 목재는 인류가 불을 발견한 이래 수천 년 동안 난방, 요리, 농업 도구 제작, 선박 건조 등 거의 모든 생활과 산업에서 연료로 활용되었다. 특히 중세 이후 도시화가 진행되면서 목재에 대한 수요가 폭발적으로 증가했다. 그러나 이와 같은 소비는 곧 산림의 파괴와 자원의 고갈이라는 심각한 문제를 초래했다.

　산림은 단순한 연료 공급원이 아니라 자연의 탄소 순환 체계에서 대기 중 이산화탄소를 흡수하는 주요 탄소 흡수원이다. 그러나

석탄

무분별한 벌목은 흡수 기능을 약화했고 탄소 순환의 불균형을 초래했다. 더욱이 목재는 불에 금방 타버리고 지속적인 고온을 유지하기 어려웠으며 습기에 약해 저장성도 낮았다. 그래서 더 효율적이고 안정적인 연료가 필요했다.

이와 같은 상황에 기후적 요인이 추가되었다. 14~19세기 중반까지 지속된 소빙기로 인해 유럽을 포함한 북반구 전역에 기온 저하와 겨울 한파, 농작물 감소가 발생했다. 사람들은 추위를 견디기 위해 난방용 목재 수요를 늘렸고, 숲은 그 어느 때보다 빠르게 고갈되었다. 특히 도시와 산업 중심지에서는 근처의 삼림이 거의 벌목되었고, 지속 가능한 수확 주기를 고려하지 않고 목재를 과잉

채취하는 일이 빈번했다.

이와 같은 배경에서 등장한 대체 에너지원이 바로 석탄이다. 석탄은 단위 질량당 열량이 목재보다 훨씬 높고 장시간 안정적으로 고온을 유지할 수 있다. 그래서 제철, 유리 제조, 도자기, 증기기관의 연료로 유리했다. 게다가 석탄은 건조한 상태로 보관이 용이하고 기계 장치를 통해 규격화된 형태로 공급될 수 있는 등 산업 규모의 연료 체계에 적합했다.

에너지 체계의 전환은 자원의 물리적 교체에 그치지 않았다. 이는 곧 탄소 흐름의 방향 전환을 의미했다. 나무는 생장 동안 광합성을 통해 이산화탄소를 흡수하지만 수명이 다하면 부패하거나 연소하면서 대기로 되돌아간다. 즉 이 경우에 탄소는 짧은 순환주기를 따라 움직이는 생물학적 사이클 내에서 소비된다.

반면에 석탄은 수억 년 전 식물의 유기물이 고압 및 고온에서 형성된 것이다. 이때 탄소는 오랜 시간 동안 지구 내부에 저장된다. 그러므로 석탄을 채굴하고 연소하는 행위는 지하에 묻혀 있던 탄소를 다시 생물권과 대기권으로 되돌리는 행위다. 석탄 연소는 대기 중 이산화탄소 농도를 급격히 증가시키고 지구 전체 기후 시스템에 장기적인 영향을 미치는 구조적 변화를 초래했다.

석탄의 광범위한 사용에 있어 영국은 세계에서 가장 유리한 출발선에 있었다. 영국은 고생대 말기, 특히 석탄기에 형성된 지층

위에 놓여 있으며 이 지층은 두껍고 풍부한 석탄층을 포함하고 있다. 특히 잉글랜드 북부를 비롯해 사우스웨일스, 스코틀랜드 남부, 미들랜드 지역에는 지표면 가까이에 석탄이 분포되어 있어 노천 채굴이나 얕은 갱도 채굴만으로도 석탄을 얻을 수 있었다.

게다가 영국은 강과 해안선이 발달했고 운하와 철도 건설로 석탄의 내륙 및 항구 운송이 수월했다. 런던, 브리스톨, 리버풀, 뉴캐슬과 같은 항구도시는 석탄의 국내 유통뿐 아니라 국제 수출에도 유리한 거점이었다. 영국은 석탄 매장량이 풍부한 나라였을 뿐 아니라 석탄을 경제적·기술적·사회적 자산으로 활용할 수 있는 모든 조건을 갖춘 나라였다. 이와 같은 복합적 요소는 '왜 산업혁명이 영국에서 가장 먼저 시작되었는가?'라는 질문에 대한 하나의 중요한 설명이 된다.

석탄, 증기기관 그리고 산업의 시대

초기에 석탄은 가정 난방이나 요리용 연료로 쓰이던 일상적인 자원에 불과했다. 그러다가 증기기관의 발명 이후 기계 동력의 중심 에너지원으로 급부상했다. 18세기 초에 스코틀랜드 기술자 제임스 와트(James Watt)는 기존의 증기기관을 개량해서 효율성을 향상시켰다. 이는 산업사회로의 진입을 본격화하는 기폭제가 되었다.

증기기관은 석탄을 연소시켜 물을 끓이고 증기를 발생시킨 후 증기의 팽창력을 이용해 피스톤이나 터빈을 움직이게 만드는 구조다. 사람의 근력이나 동물의 힘에 의존하던 기존의 생산 방식을 획기적으로 대체하면서 펌프, 방직기, 제재기, 금속 절단기 등 산업 기계에 다양하게 활용되었다. 더 나아가 증기기관은 육상에서는 기관차, 해상에서는 증기선으로 운송 혁명을 일으켰고, 지역 간 물류와 자원의 흐름이 급속하게 확대되었다.

기술적 변화의 중심에는 석탄이 있었다. 보다 정확하게는 석탄 속에 저장된 탄소가 있었다. 석탄을 태우면 그 안에 고밀도로 농축된 탄소 화합물이 연소를 일으키며 막대한 열에너지를 방출한다. 이 과정은 화학적으로 결합한 태양에너지가 방출되는 것으로써 태양이 수억 년 전 식물에 공급한 에너지가 열과 운동으로 다시 변환되는 순간이다. 탄소가 산업사회를 움직이는 근본적인 매개체로 기능한 것이다.

증기기관과 함께 산업혁명의 또 다른 핵심이 바로 제철산업이다. 초기에는 목탄을 제련용 연료로 사용했지만 석탄을 가열해 만든 코크스(Coke)가 도입되면서 제철의 생산성과 규모가 획기적으로 증가했다. 코크스는 불순물을 제거한 고탄소 고체 연료로, 고온을 안정적으로 유지할 수 있고 철광석의 환원 반응을 효율적으로 돕는다.

코크스의 사용은 그저 연료의 전환이 아니었다. 이는 탄소 화학반응을 이용해 금속을 정제하는 산업적 방법의 등장이었다. 제철소에서는 철광석을 고온에서 코크스와 함께 가열해 금속철로 환원시키는데, 이 반응은 탄소가 산소를 빼앗아가는 환원 과정을 통해 철을 분리하는 것이다. 결과적으로 제철산업은 석탄 없이는 성립할 수 없고 철로 만든 기계나 철도, 건축물, 무기 등은 산업혁명의 물질적 기반을 제공했다.

여기서도 탄소는 에너지와 화학반응의 핵심 동력으로 작용했다. 탄소를 기반으로 철이 생산되고, 철은 다시 기계를 만들어내며, 기계는 더 많은 석탄을 캐내는 순환 고리를 형성했다. 결국 석탄과 철, 탄소와 에너지, 기술과 생산력은 하나의 구조적 네트워크로 결합해 산업사회의 인프라를 형성했다.

18세기 후반에 영국에서 시작된 산업혁명은 생산 방식의 변화나 기술 발전만을 의미하지 않는다. 그것은 지구 탄소 순환 자체의 전환점이었다. 이전까지 지구 생물권에서 탄소는 상대적으로 닫힌 순환 시스템 안에서 움직였다. 식물은 광합성을 통해 대기 중 이산화탄소를 흡수하고 이를 유기물로 전환하며 생명체의 몸을 구성했다. 이후 동물과 미생물이 이를 섭취하거나 분해하며 다시 이산화탄소가 대기로 방출되는 자연적인 순환이 이어졌다.

그런데 산업혁명은 이와 같은 체계를 근본적으로 뒤바꾸었다. 인류는 지하에 묻혀 있던 탄소, 즉 화석연료를 단기간에 대량 연소하기 시작했다. 수억 년 동안 고정되고 봉인되어 있던 탄소를 대기권으로 주입하는 행위는 탄소 순환을 완전히 바꾸어놓았다.

이와 같이 지질학적 탄소가 생물권 탄소로 급속히 편입되는 현상은 자연이 수백만 년에 걸쳐 이뤄낸 평형 구조를 수백 년 만에 붕괴시키는 사건이었다.

그 결과, 대기 중 이산화탄소 농도는 산업화 이전 평균인 약 280ppm에서 2020년대에는 420ppm을 넘겼다. 이로 인해 지구 평균 기온이 상승했고 기후 패턴이 변했으며 빙하가 감소하고 해수면이 상승했다. 생태계 역시 교란되었다. 산업혁명으로 에너지 효율성과 생산성이 급격하게 증가했지만 동시에 지구 시스템의 탄소 저장 기능이 약화했고, 기후 안정성을 위협하는 새로운 위기가 나타났다.

산업혁명은 기술의 진보와 인류 문명의 발전을 가능하게 했다. 그 이면에는 탄소의 흐름을 바꾼 거대한 에너지 구조의 전환이 있었다. 석탄을 연소하고 코크스로 철을 제련하며 증기기관을 가동하는 그 모든 행위는 탄소 화합물을 깨뜨리고 태양 에너지를 해방시키는 일이었다. 인간은 처음으로 자연의 순환 속도를 넘어선 연소 속도로 에너지를 소비하며 지구 자체의 대기 조성에 구조적인 변화를 가한 존재가 되었다.

오늘날 지구온난화와 기후 위기의 시작은 바로 18세기 '탄소혁명(Carbon Revolution)'에서 시작되었다. 그러므로 우리가 탄소중립이나 탈탄소를 논할 때 현대 기술의 문제로만 접근할 수 없는

✦✦✦ **산업혁명** ⓒ브리태니커 백과사전

이유가 바로 여기에 있다. 그것은 지구의 깊은 시간과 순환을 되돌아보는 역사학적, 그리고 지질학적 성찰 없이는 해결할 수 없는 문제이기 때문이다.

탄소 기반 제국주의의 서막

19세기 중반에 발생한 아편전쟁(Opium Wars)은 마약 무역 분쟁으로만 그치지 않는다. 이 전쟁은 차(茶)나 면화, 설탕, 아편(Opium) 등 탄소 기반 상품을 중심으로 형성된 글로벌 교역 네트워크의 균열이자 제국주의의 경제적 기반을 드러낸 사건이었다.

당시 중국은 차를 영국에 대량 수출하며 막대한 은(銀)을 벌어들였다. 차는 생장 과정에서 이산화탄소를 흡수하고 건조나 발효, 운송 과정을 통해 에너지와 교환 가치를 갖게 된 탄소고정 식물 기반의 소비재다. 그러나 영국은 중국에 제공할 만한 대등한 상품이 없었기에 무역수지는 계속 적자였다. 영국은 이를 만회하기 위해 인도에서 재배한 양귀비에서 추출한 아편을 중국에 밀수출하기 시작했다.

아편 역시 탄소를 기반으로 한 생물 유래 물질이다. 양귀비는 대기 중의 이산화탄소를 흡수해 자라며, 그 유액은 고농도의 유기탄소 화합물인 모르핀($C_{17}H_{19}NO_3$)을 함유한다. 이 물질은 인간의 중추신경계에 작용해 강력한 효능을 보이는 동시에 의존성과 사회적 붕괴를 유발하는 중독성 물질이다.

영국은 아편을 이용해 무역 역전을 이루었다. 아편은 청나라 사회에 심각한 중독, 은 유출, 사회 불안정을 초래했다. 청 정부가 아편 수입을 막으려 하자 영국은 1839년에 전쟁을 일으켰다. 전쟁에서 패배한 청나라는 1842년 '난징조약(南京條約)'으로 홍콩 할양과 치외법권, 무역 개방 등을 강요받았다. 이를 계기로 중국은 경제적·정치적 주권을 상실하고 제국주의 체제에 편입되었다.

아편전쟁은 이 모든 갈등이 탄소 기반 식민상품의 이동과 통제, 그리고 그것을 둘러싼 글로벌 에너지와 자본 흐름과 밀접하게 얽혀 있다는 사실을 잘 보여준다. 차, 아편, 면화, 설탕은 단순한 농산물이 아니라 태양에너지를 흡수해 유기물로 고정한 탄소의 응축물이며, 이들을 생산하고 운송하며 소비하는 과정은 탄소 흐름을 의미한다.

산업혁명 이후 유럽은 기술과 무력을 바탕으로 전 세계의 식민화를 추진했다. 이때 유럽이 확보하고자 했던 것이 자원을 에너지로 전환할 수 있는 탄소 기반의 생산 시스템이었다. 이는 크게 에너지 자원의 확보와 노동력 및 연소 시스템으로 구분할 수 있다.

에너지 자원의 확보는 석탄이나 식물 등을 의미한다. 유럽은 열대와 온대 지역의 식민지에서 목재를 비롯한 삼림 자원, 석탄, 가축 사료, 사탕수수, 커피, 카카오, 면화 등을 확보했다. 이 자원들은 모두 생물학적 혹은 화석화된 탄소 자원이었다. 특히 대규모의 플랜테이션 농업은 태양광을 이용한 대규모 탄소고정 시스템으로 기능했다. 이는 단순한 농업 생산이 아니라, 태양에너지를 탄소 화합물 형태로 대량 저장하고 수출하는 산업이다.

식민지의 토지는 원래 탄소를 흡수하고 저장하는 기능을 수행했지만 플랜테이션은 단일 작물 재배를 통해 시장 지향적 에너지 흐름으로 강제 전환했다. 그 결과, 생물 다양성은 붕괴했고 탄소 저장 능력이 약화했으며 수출할 수 있는 상품으로 전락한 농업 에너지만 남게 되었다.

유럽의 산업은 노동력을 연료처럼 활용했다. 노예무역과 계약 노동제, 아메리카 및 아프리카 원주민의 강제 노동은 설탕이나 면화처럼 탄소를 포함한 유기물을 대량 생산하는 데 필요한 부속품으로 동원되었다. 인간 노동력을 에너지 변환 장치로 환원시킨 산업체계였다.

그리고 이와 같은 모든 자원은 석탄과 증기기관을 이용한 운송 네트워크를 통해 유럽 본국으로 이동했다. 에너지, 탄소, 물질, 인력, 자본. 이 모든 흐름이 유럽 중심의 일방적인 네트워크로 고정되면서 탄소의 불균형은 더욱 가속화되었다.

19세기의 유럽 제국주의를 군사적 정복과 자원 수탈의 역사로만 간주해서는 안 된다. 그것은 탄소의 세계적 흐름을 식민지 체제로 재배치한 사건이었다. 유럽은 식민지를 통해 탄소를 생산하고 연소할 수 있는 에너지 체계를 확보했다. 이는 산업혁명의 지속적인 연료이자 경제 팽창의 기반으로 작용했다.

그 결과, 유럽과 북아메리카는 지구 온실가스 누적 배출의 절대다수를 차지하게 되었고, 식민지는 생물 다양성 손실이나 토양 황폐화, 절대 빈곤 등의 사회적 위기가 발생했다. 이와 같은 불균형은 오늘날까지 이어지고 있으며 기후 위기의 책임 문제, 탄소배출권, 환경정의 담론의 핵심이 되고 있다.

아편전쟁과 유럽의 식민지 확장은 탄소 기반 자원의 생산, 유통, 소비를 둘러싼 세계 체제의 형성과 깊은 관련이 있다. 이는 단지 군사력이나 무역의 문제가 아니라 지구의 에너지 흐름과 생태 질서를 인위적으로 재구성한 역사였다.

식민지 시스템은 탄소의 생산과 소비 권한을 서유럽의 일부 국가에만 집중시켰고, 이는 오늘날 기후 불평등의 구조적 뿌리로 작용하고 있다. 이런 점에서 제국주의는 곧 탄소 권력의 형성과 분배에 관한 문제이자 탄소는 인류 역사에서 에너지, 생명, 권력, 갈등을 초래한 핵심 물질이 된다.

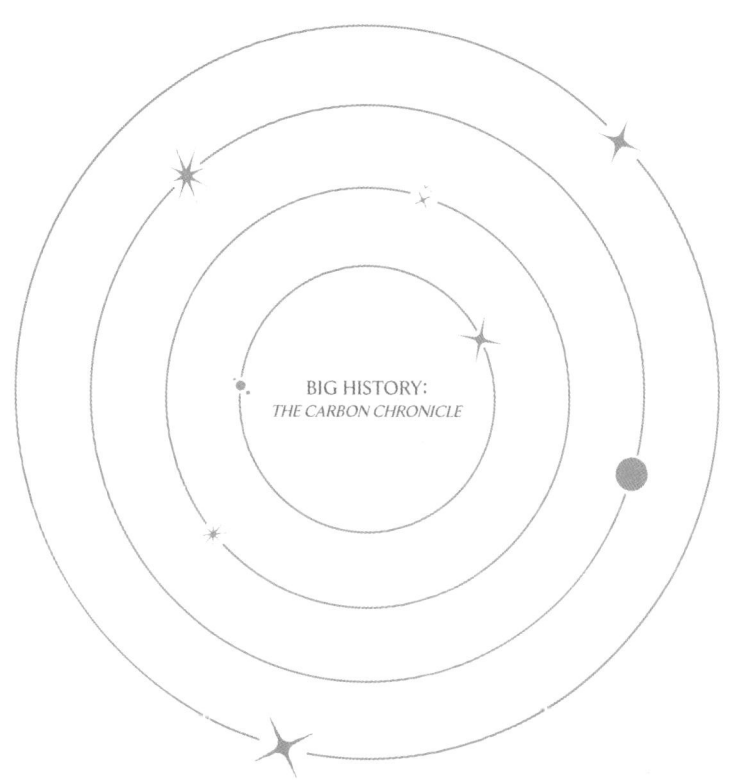

BIG HISTORY:
THE CARBON CHRONICLE

6장

탄소중립 시대와
미래 문명 설계

성장의 한계,
로마클럽의 경고

    1972년에 한 보고서가 세계를 충격에 빠뜨렸다. 국제적인 과학자 및 정책 전문가 집단인 '로마클럽(Club of Rome)'이 발표한 보고서 '성장의 한계(The Limits to Growth)'에는 당시로서는 획기적인 문제 제기를 담고 있었다. 이 보고서는 인류 사회가 직면한 가장 본질적인 질문인 '무한한 경제성장이 가능한가?'라는 질문을 던졌다. 그리고 그 답은 분명했다. '불가능하다'였다.
    20세기 중반 이후, 전 세계는 빠른 속도로 산업화했다. 인구도 기하급수적으로 증가했다. 특히 제2차 세계대전 이후 전 세계 인구는 급속히 증가했고 개발도상국의 산업화 속도 역시 가속화했다. 이 과정에서 소비되는 에너지, 식량, 원자재, 물 등 자원의 소비량은 엄청났고 그에 따른 환경오염도 심각했다.

로마클럽은 이 흐름을 정량적으로 분석하고자 했다. 이를 위해 '세계모형(World3)'이라는 컴퓨터 시뮬레이션을 사용했다. 세계모형은 인구, 식량 생산, 산업 생산, 천연자원, 오염 등 5가지 주요 변수를 중심으로 다양한 시나리오를 도출해서 미래를 예측했다. 예측 결과는 매우 충격적이었다. 지금처럼 자원을 소비하고 오염을 유발하는 삶의 방식을 계속 유지한다면 21세기 중반에는 인류 문명이 붕괴할 수도 있다는 것이었다.

보고서에서 강조한 중요한 위협 요소 중 하나가 에너지 자원의 고갈이었다. 산업사회는 대부분의 에너지를 석탄이나 석유, 천연가스 등 화석연료에 의존하고 있다. 자원은 지질학적으로 수억 년에 걸쳐 형성된 것이기에 인간이 사용하는 속도와 비교했을 때 거의 재생 불가능하다. 즉 화석연료는 유한한 자원이다.

눈에 띄는 부작용도 발생한다. 바로 이산화탄소 배출이다. 석탄, 석유, 천연가스는 모두 탄소를 포함하고 있으므로 이를 연소시키면 반드시 이산화탄소가 발생한다. 이산화탄소는 자연 상태에서는 식물의 광합성에 사용되고 일부는 해양과 토양에 흡수되지만, 산업화 이후 배출량이 급증하면서 자연이 이를 감당하지 못하는 상황에 이르렀다.

온실효과

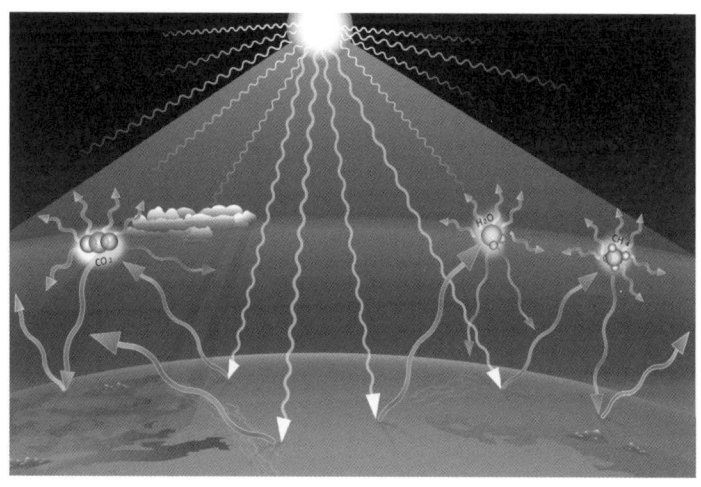

이로 인해 대기 중 이산화탄소 농도가 지속해서 상승했고, 결과적으로 '온실효과(Greenhouse Effect)'가 심화했다. 온실효과는 지구의 대기가 태양으로부터 오는 단파 복사에너지는 통과시키면서 지표면에서 방출되는 열에너지를 흡수하거나 다시 지구로 재방출함으로써 지구 표면온도를 따뜻하게 유지하는 현상이다. 이 과정은 지구의 생명체가 살 수 있는 평균 기온인 약 15℃를 유지하는 데 필수적이다. 그러나 온실효과가 심해지면서 지구의 평균 기온이 상승하는 지구온난화(Global Warming) 문제 역시 심각해지기 시작했다.

보고서 '성장의 한계'는 인류 사회가 굳게 믿은 '경제성장'에 근본적인 질문을 제기했다. 산업화는 기술의 발전과 자원의 효율적 사용을 통해 끊임없이 성장할 수 있다고 주장했지만, 로마클럽은 지구의 자원은 한정되어 있으며 이 자원을 기반으로 한 성장은 언젠가 벽에 부딪힐 수밖에 없다고 경고했다.

보고서는 특히 에너지 시스템의 한계와 탄소 배출의 누적 효과를 강조했다. 우리가 지금 사용하는 에너지 시스템은 대부분 탄소 중심이며, 이로 인해 기후 시스템 자체가 변화하고 있다. 단순히 자원이 고갈된다는 문제가 아니라 이산화탄소의 축적으로 인해 대기의 화학적 균형이 깨지고, 이는 곧 지구 생태계 전체에 영향을 미친다는 점을 지적한 것이다.

또한 이 보고서는 기술 발전이 모든 문제를 해결해줄 수 있다는 낙관론에도 의문을 제기했다. 기술은 효율성을 높일 수 있지만 기술 자체도 에너지와 자원이 필요하며, 어떤 한계를 넘어서면 되레 문제를 악화시킬 수 있다는 것이다.

불편한 진실,
기후 위기 고발

2006년에 미국의 전 부통령이자 환경운동가인 앨 고어(Al Gore)는 세상을 깜짝 놀라게 한 다큐멘터리 영화 한 편을 내놓았다. 〈불편한 진실(An Inconvenient Truth)〉이다. 그는 작품을 통해 환경 보호를 촉구하는 것을 넘어 기후 변화가 인류 문명 전체의 생존을 위협하고 있다는 본질적인 메시지를 전했다.

〈불편한 진실〉은 과학적 데이터와 시각적 자료, 그리고 감성적인 연설을 결합한 형식으로 구성되었다. 고어는 전 세계를 순회하며 강연을 통해 기후 변화의 심각성을 알리고 있었고, 다큐멘터리는 그 강연을 바탕으로 만들어졌다.

다큐멘터리 〈불편한 진실〉 포스터

그는 빙하가 녹고 있는 위성 사진, 해수면 상승 시뮬레이션, 기후 이상 현상의 통계자료 등을 제시하면서 지구가 현재 중대한 기후 변동의 중심에 있다는 사실을 직관적으로 전달했다. 특히 남극과 그린란드의 빙하가 급속히 녹고 있으며, 이로 인해 해수면이 상승하고 연안 도시는 물에 잠길 위기에 처해 있다고 했다. 이 경고는 대중에게 큰 반향을 일으켰다.

고어는 '지구가 아프다'라는 식의 감성적 호소에 그치지 않았다. 그는 기후 위기의 근본 원인이 무엇인지, 그것이 어떻게 시작되었고 어떤 결과를 초래하고 있는지를 과학적으로 설명했다. 그 중심에는 탄소, 특히 이산화탄소가 있었다.

고어가 강조한 핵심은 인류가 겪고 있는 기후 변화는 자연적인 주기가 아니라 인간 활동에 의해 발생한 인위적 변화라는 점이다. 산업화 이후 인류는 석탄과 석유, 천연가스를 기반으로 하는 탄소 중심 에너지 시스템을 구축했다. 이는 곧 막대한 양의 이산화탄소를 대기 중에 배출하는 구조를 만들었다. 그는 이를 통해 다음과 같은 사실을 지적했다.

산업화 이전, 대기 중 이산화탄소 농도는 약 280ppm 수준이었다. 그러나 2006년 당시, 이 수치는 약 380ppm 이상으로 증가했는데, 이는 수십만 년 동안 한 번도 기록된 적 없는 수치다. 이와 동시에 지구 평균 기온도 약 1℃ 이상 상승했다. 이 수치는 비록 작아 보일 수 있지만 지구 전체의 기후 시스템에서 보면 엄청난 변화다.

고어는 탄소 배출이 기온을 높이는 데만 그치지 않는다고 강조했다. 기온 상승은 빙하의 해빙과 해수면 상승, 해양 생태계 붕괴, 해류 변화, 극단적인 기후 현상 증가 등 연쇄적인 생태계 붕괴를 유발한다고 설명했다. 실제로 허리케인, 가뭄, 폭우, 산불 등의 빈도와 강도는 점차 증가하고 있다. 이는 지구온난화의 결과물이라는 점을 뒷받침한다.

〈불편한 진실〉을 통해 고어가 보여준 메시지는 정치나 이념을 넘어서는 전 인류를 향한 경고였다. 그는 로마클럽이 '성장의 한계'에서 제기한 경고가 결코 허상이 아니었으며, 이제 수치와 현상으로 현실화했다는 점을 확인시켰다.

그가 말한 '불편한 진실'이란 경제성장을 위해 화석연료를 사용하지만 그 대가로 기후를 파괴하는 모순이다. 편리한 삶을 추구하지만 이로 인해 미래 세대의 생존 조건을 악화하는 모순 말이다. 문제의 원인을 알고 있지만 단기적인 이익 때문에 행동을 미루는 모순이다.

무엇보다도 고어는 우리에게 미래 세대를 보호할 윤리적 책임이 있다는 점을 반복해서 강조했다. 단순히 환경이 파괴되면 불편해진다는 수준의 문제가 아니라, 기후 위기가 전쟁, 기근, 난민, 질병, 생태계 붕괴 등 인류 사회의 기반 자체를 뒤흔드는 재앙이 될 수 있다는 점을 지적했다.

〈불편한 진실〉은 세계적으로 큰 반향을 일으켰다. 고어는 이에 대한 공로로 2007년에 노벨평화상을 수상했다. 이는 기후 변화라는 문제가 단지 과학의 영역이 아니라 전 지구적인 평화와 안보의 문제라는 인식이 확대되었음을 잘 보여준다.

그는 해결책을 분명하게 제시했다. 재생가능 에너지의 확대,

에너지 효율 향상, 탄소세(Carbon Tax)나 배출권 제도 등 정책적 개입, 개인의 소비습관 변화 등을 통해 탄소 배출을 줄여야 한다고 말이다. 지금 바로 행동하지 않으면 미래는 돌이킬 수 없는 재앙이 될 것이라고 역설했다.

고어의 〈불편한 진실〉은 평범한 다큐멘터리가 아니다. 그것은 탄소 중심 사회가 초래한 지구적 위기에 대한 경고이자 행동 촉구를 위한 메시지였다. 이 작품은 로마클럽이 던졌던 '성장의 한계'라는 질문에 대한 현실적인 답변을 보여주었고, 우리가 그 한계에 다가서고 있음을 직접 확인시켰다.

탄소 문제는 더 이상 미래 세대의 고민거리가 아니다. 지금 이 순간, 우리 모두의 삶을 결정짓는 현실이다. 그리고 이 위기를 해결할 수 있는 마지막 기회는 '바로 지금, 우리가 무엇을 선택하느냐'에 달려 있다.

자연의 균형에서
인위적 불균형으로

　　　　　지구는 약 45억 년의 오랜 역사를 지닌 생명체의 터전이다. 지구는 오랫동안 기후 변화를 경험했는데 대부분은 자연적인 요인에 의해 발생했다. 대규모 화산 폭발, 지구 자전축의 미세한 변화, 태양의 활동 주기, 그리고 해류와 대기의 순환은 지구의 기후를 형성하고 변화시키는 중요한 자연적인 요소였다.

　가장 주목할 만한 현상은 무엇일까? 빙하기(Glacial Period)와 간빙기(Interglacial Period)의 반복이다. 이 두 시기는 대략 10만 년을 주기로 번갈아 나타났다. 이는 지구의 궤도 형태와 자전축의 기울기, 공전 궤도의 세차운동 등의 복합적 천문학적 주기를 형성했다.

주기적 변화는 지구가 태양으로부터 받는 에너지 양에도 직접적인 영향을 미치면서 자연스럽게 지구의 평균 기온을 변화시켰다.

자연적인 기후 순환 속에서 지구는 대기 조성과 온도의 균형을 오랫동안 유지했다. 특히 대기 중 이산화탄소의 농도는 수십만 년 동안 약 180~280ppm 사이로 안정적으로 유지했다. 이는 지구 생명체가 번영할 수 있는 환경을 유지하는 데 결정적인 역할을 했다. 안정적인 탄소 농도는 지구 생태계의 지속성과 생물 다양성을 가능하게 했으며 인류 문명의 출현과 발전에도 중요한 토대를 제공했다.

오랜 균형은 19세기에 발생한 산업화를 기점으로 심각하게 흔들리기 시작했다. 인류는 석탄, 석유, 천연가스와 같은 화석연료에 기반한 새로운 에너지 체계를 구축했다. 그 결과, 이전까지 땅속에 매장되어 있던 막대한 양의 탄소가 대기 중으로 방출되기 시작했다. 이산화탄소는 물론 각종 온실가스가 대기 중에 누적되면서 지구 대기 구성은 과거 수백만 년 동안의 자연적인 상태와 급격하게 달라지기 시작했다.

20세기 후반부터 대기 중 이산화탄소 농도는 가파르게 상승하기 시작했다. 현재는 약 420ppm 이상의 수치에 도달했다. 이는 지난 300만 년 넘게 관측된 적 없는 수치다. 지금 우리가 목격하고 있는 기후 변화가 단순한 자연 순환의 일부가 아닌 인위적인 개입으로 초래된 이상 현상이라는 것을 의미한다.

　게다가 인간은 이산화탄소 외에도 다양한 형태의 온실가스를 대기 중에 배출하고 있다. 예를 들어 메탄은 가축 사육, 논 경작, 쓰레기 매립지, 천연가스 채굴 등에서 발생하며 이산화탄소보다 약 25배 이상의 온난화 효과를 가진다.

　아산화질소(N_2O)는 농경 이후 질소 비료 사용이나 화학 공정에서 발생하며 지구온난화지수(Global Warming Index)가 이산화탄소의 약 300배에 달한다.

　그 밖에도 냉장고나 에어컨 등에 사용되는 프레온가스(CFC)나 반도체 제조나 냉매에서 사용되는 불소화가스(HFCs)는 수천에서 수만 배에 이르는 강력한 온실효과를 가진 기체들이다.

　온실가스는 대기 중에 수십 년에서 길게는 수백 년까지 존재한다. 지구로 들어온 태양 복사열이 우주로 방출되는 것을 막아 대기 안에 가둔다. 이로 인해 지구는 점차 뜨거워지고 있다. 마치 유리 온실 속처럼 열이 축적되는 온실효과가 발생한다. 이 가운데 특히 탄소는 지구 기후 시스템을 근본적으로 흔들고 있는 핵심 변수로 작용하고 있다.

　탄소의 역할은 다음과 같은 이유에서 중요하다. 첫째, 현대 문명의 에너지 구조 대부분은 탄소 기반이다. 전 세계 대부분의 산업, 운송, 건축, 발전소, 난방 시설 등은 주로 석탄, 석유, 천연가스에 의존하고 있다. 이들은 모두 연소 과정에서 이산화탄소를 배출한다. 이와 같은 시스템은 '탄소 경제(Carbon Economy)'로서 현대 문명의 근간이자 기후 위기의 근본 원인이다.

둘째, 대기 중으로 배출된 이산화탄소는 단기간에 사라지지 않는다. 한 번 방출된 탄소는 수백 년 동안 대기 중에 머무를 수 있다. 따라서 지금 배출되는 탄소는 미래에도 영향을 미치게 된다. 이는 기후 위기가 장기적이고 지속적인 문제임을 보여준다.

셋째, 인간의 활동은 자연의 탄소 순환 자체를 교란한다. 식물과 삼림은 광합성을 통해 이산화탄소를 흡수하는 역할을 하지만 산림 벌채로 인해 탄소 흡수원이 줄어들고 있다. 동시에 바다는 이산화탄소를 흡수해 산성화(Ocean Acidification) 현상을 초래하고 있다. 이는 해양 생태계의 파괴로 이어져 지구 전체 탄소 순환의 균형을 깨뜨린다.

탄소의 위협은 기체 형태에만 그치지 않는다. 최근 주목받고 있는 또 다른 형태의 탄소 오염물질이 '블랙카본(Black Carbon)'이다. 블랙카본은 불완전 연소로 생성된 미세한 탄소 입자다. 공기 중에 떠다니며 기후 변화, 대기오염, 건강 문제에 영향을 미치는 단기 생존성 기후오염물질(SLCP; Short-Lived Climate Pollutant)이다. 일반적으로 '그을음'으로 알려져 있고, 완전히 타지 않은 목재, 석탄, 디젤, 바이오매스 등이 주요 발생원이다.

대기 중의 블랙카본은 태양열을 흡수하고 대기를 가열한다. 특히 블랙카본이 북극이나 히말라야 같은 눈과 얼음이 많은 지역에 떨어질 경우, 지표의 반사율(알베도, Albedo)을 낮추어 더 많은 열을 흡수하게 만든다. 그 결과, 빙하와 만년설의 해빙 속도가 빨라진다. 또한 이 입자들은 호흡기에 깊숙이 침투해 건강에 문제를 일으킬 수 있다. 특히 아동과 노약자에게는 심각한 호흡기 질환을 유발할 수 있는 공중보건 위협 요소이기도 하다.

지구는 본래 변화하는 행성이다. 그러나 오늘날 우리가 목격하고 있는 기후 변화는 자연적인 주기나 일시적인 기후 이상과는 근본적으로 다르다. 이는 인류 문명이 초래한 결과이며 그 중심에는 탄소가 있다. 이제 탄소는 정치적·경제적·생태적 선택의 중심에 서 있는 위기 요인으로 작용하고 있다.

우리는 지금 자연의 순환을 넘어선 '탄소 문명'의 충돌을 경험하고 있다. 그리고 이 충돌이 가져올 미래는 인류의 선택에 달려 있다. 탄소를 통제하고, 탄소 중심 문명에서 벗어나야만 지구와 인류는 지속 가능한 미래를 맞이할 수 있다. 지금 우리가 해야 할 일은 온도를 낮추는 데만 집중할 것이 아니라 탄소의 본질을 이해하고 그 구조적 문제에 대응하는 것이다.

기후 위기 시대의
새로운 게임의 규칙

지속해서 심화하고 있는 탄소 배출 문제와 그로 인한 기후 변화는 전 세계적인 위기다. 이에 따라 국제사회는 탄소 감축을 위한 다양한 정책적·제도적 노력을 기울이고 있다. 이 가운데 특히 주목받고 있는 제도가 탄소배출권 제도(Cap and Trade System)다. 탄소배출권 제도는 시장 원리를 이용해 온실가스 배출을 효과적으로 통제하려는 국제적 전략으로, 탄소를 단순한 규제 대상이 아닌 가격을 매길 수 있는 경제적 자산으로 전환한 데에 큰 의미가 있다.

탄소배출권 제도의 제도적 기반은 1997년에 일본 교토에서 체결된 국제 환경협약인 '교토의정서(Kyoto Protocol)'에서 마련되었다. 국제사회가 온실가스 감축을 공동의 목표로 설정한 최초의 법적 구속력을 지닌 협약이다. 특히 선진국에 구체적인 감축 의무를 부과했다는 점에서 획기적인 전환점을 이뤘다.

교토의정서에는 기후 변화를 초래하는 핵심 온실가스 6종을 명시했다. 이산화탄소는 주로 화석연료 연소에서 발생하며 전체 온실가스 배출량 중 가장 큰 비중을 차지한다. 메탄은 농축산업이나 쓰레기 매립지, 천연가스 채굴 등에서 발생하는데, 이산화탄소보다 약 25배의 온난화 효과를 가진다. 아산화질소는 비료 사용과 산업 공정에서 발생하며 온난화 지수가 이산화탄소의 약 300배에 달한다. 수소불화탄소류(HFCs), 과불화탄소류(PFCs), 육불화황(SF_6)은 주로 냉매, 반도체 제조 등에서 발생하는데, 지구온난화지수가 수천에서 수만 배에 달한다.

이들 가스는 모두 지구의 복사열이 우주로 방출되는 것을 막는 성질을 지니고 있다. 대기 중에서 장기간 잔류해 기후 변화에 지속적인 영향을 미친다. 교토의정서는 이와 같은 가스의 배출을 억제하기 위해 각국에 감축 목표를 설정하고 그 목표를 달성하고자 유연한 메커니즘의 일환으로 '배출권거래제(ETS; Emissions Trading Scheme)'를 도입했다.

탄소배출권 제도는 기존의 '규제 중심' 환경 정책과는 다르게

탄소배출권 제도

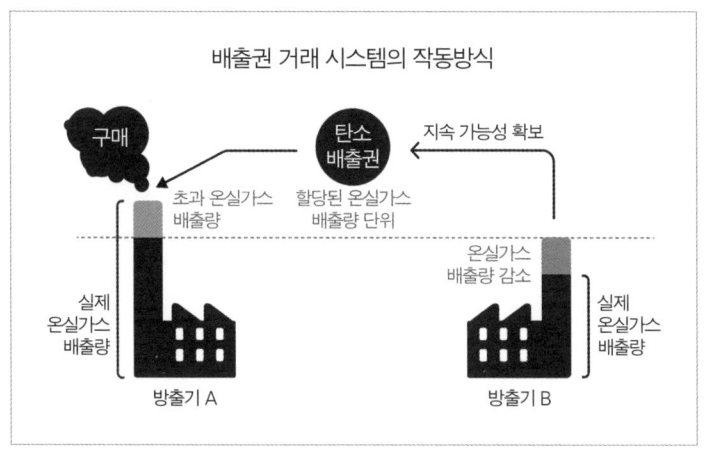

©Senken

시장 경제의 자율성과 경쟁 원리를 활용해 온실가스 감축을 유도하는 방식이다. 이 제도를 통해 각국 정부는 자국의 총허용 배출량을 설정하고, 이를 개별 기업에 탄소 배출 허용량의 형태로 할당한다. 기업들은 배출권 내에서만 온실가스를 배출할 수 있다. 허용량을 초과하면 시장에서 배출권을 구매해야 하고 남는 경우에는 판매해서 수익을 창출할 수 있다.

거래 시스템은 결과적으로 탄소의 '시장 가격(Carbon Price)'을 형성하며 기업 입장에서는 탄소를 배출하는 것이 곧 비용을 수반하는 행위가 된다. 그러므로 기업들은 생산 공정을 개선하거나 에너지 효율을 높이거나 재생에너지로 전환하는 등의 방식으로 배출량을 줄일 수 있는 경제적 유인 요소를 갖게 된다. 규제에 의한 강제 감축이 아니라 경제적 논리에 따른 자발적인 감축을 유도한다는 점에서 중요한 변화라 할 수 있다.

탄소배출권 제도는 국제 거래도 가능하다. 한 국가의 기업이 국내에서 감축하기 어렵다면 다른 국가에 저비용으로 감축한 실적을 구매해 자국의 감축 목표 달성에 활용할 수 있다. 대표적인 예가 청정개발체제(CDM; Clean Development Mechanism)다. 이는 개발도상국에 재생에너지 설비를 설치하거나 온실가스를 줄이는 프로젝트를 통해 그 감축 실적을 선진국이 구매할 수 있도록 하는 제도다. 이를 통해 기후 정의를 실현하고 글로벌 협력을 실천할 수 있다.

탄소배출권 제도와 함께 다수의 국가에서는 '탄소세'도 운용하고 있다. 탄소세는 탄소 1톤당 일정 금액의 세금을 부과하는 방식이다. 시장에서의 배출권 가격이 낮게 형성되어도 일정 수준 이상의 감축 압력을 유지할 수 있는 정책적 보완 장치 역할을 한다.

유럽연합(EU)은 EU배출권거래제(EU Emission Trading System)를 통해 유럽 전역에서 통합적인 탄소 거래 시스템을 운영하는 동시에 각 회원국은 자체적으로 탄소세나 에너지세를 병행 도입해 이중 억제 장치를 마련하고 있다. 다층적 감축 구조는 탄소 가격의 예측 가능성을 높이고, 산업 전반의 저탄소 전환을 더욱 안정적으로 추진할 수 있는 기반이 된다.

그러나 탄소배출권 제도 역시 완전한 해결책은 아니다. 현실 운영 면에서 여러 한계와 문제점이 드러나기 때문이다. 가장 큰 문제는 과도한 배출권 할당이다. 제도 도입 초기에는 산업계의 반발과 경제 경쟁력 약화를 우려해 배출권을 지나치게 넉넉하게 부여하는 경우가 많았다. 그 결과, 탄소 감축 효과가 실질적으로 미미하거나 오히려 탄소 가격이 급락하는 문제가 발생했다.

이와 더불어 탄소 가격의 불안정성과 예측 불가능성을 들 수 있다. 배출권 가격은 시장의 수요나 공급, 정치적 결정, 경기 상황 등에 따라 크게 변동할 수 있다. 가격이 지나치게 낮으면 기업은 감축보다 배출권 구매를 선택해 기술 개발 및 구조 혁신의 동기 자체가 약화할 수 있다.

국가 간 형평성 논란도 문제다. 감축 의무를 부여받는 선진국과 감축 책임이 면제된 개발도상국 간에는 국제적인 불평등과 책임 분담에 대한 갈등이 존재하기 때문이다. 그 결과, 일부 국가는 배출권을 투기 수단으로 악용하거나 온실가스 감축 목표를 회피하는 수단으로 활용하기도 한다.

일부 기업은 국내 감축 없이 해외에서 감축된 실적을 구매해 형식적인 보고만 하는 방식으로 제도를 악용하기도 한다. 이와 같은 방식은 실질적인 감축 효과를 떨어뜨릴 뿐 아니라 탄소의 '외주화'라는 새로운 윤리적 문제를 초래한다.

탄소배출권 제도는 분명 기후 변화 대응와 관련해 획기적인 접근 방식을 제시했다. 이는 환경 문제를 전통적인 규제와 처벌의 방식이 아니라 시장 메커니즘과 자본주의적 인센티브 구조 속에서 해결하고자 한 정책이다. 탄소를 오염물질이 아니라 '관리 가능한 자산'으로 인식하게 만든 만큼, 기후 정책의 새로운 가능성을 제시했다는 점에서 매우 중요한 의의를 지닌다.

다만 탄소배출권 제도가 실제로 탄소 감축의 실효성을 확보하려면 몇 가지 핵심 요소가 필수적이다. 정확하고 투명한 배출량 측정 시스템, 적정 수준의 배출권 할당과 가격 유지, 감시와 통제를 위한 제도적 장치, 글로벌 형평성 확보, 탄소세 등 보완 정책의 병행, 시민 참여와 사회적 공감대 형성 등이 그렇다.

무엇보다도 탄소배출권은 궁극적인 해결책이 아니라 과도기적 수단이다. 진정한 기후 위기 대응은 탄소 중심 경제 구조에서 벗어나 탈탄소화나 에너지 전환과 생산 및 소비 방식의 근본적 혁신을 통해 이루어져야 한다. 탄소를 거래할 수 있다는 사실이 우리로 하여금 감축의 본질을 잊게 해서는 안 된다. 진정한 변화는 기술적·경제적 접근을 넘어서 사회 전체의 가치 전환과 행동의 변화에서 비롯되어야 한다.

저탄소 녹색성장과
탄소중립

　지속적으로 심화되는 지구 기후 위기에 대응하고자 우리나라를 비롯한 세계 각국은 새로운 패러다임 전환이 필요하다고 인식하고 있다. 과거에는 경제 성장을 우선시하고 환경 문제를 부차적인 것으로 간주하는 경향이 강했다. 그러나 기후 위기가 인류 생존 자체를 위협하는 국면으로 전개되면서 이러한 태도는 빠르게 변화하고 있다. 그 대안으로 등장한 것이 바로 '저탄소 녹색성장(Low-Carbon Green Growth)'과 '탄소중립(Net-Zero)' 전략이다.

　'저탄소 녹색성장'은 2008년에 우리나라가 세계 최초로 국가전략으로 채택하면서 국제적으로도 큰 주목을 받았다. 이 전략은 환경 보호와 경제 발전을 상충하는 개념으로 보지 않고, 탄소 배출은 줄이면서도 경제성장을 지속 가능하게 추진하려는 통합적 접근 방식이다.

주요 요소로는 재생에너지 개발이나 친환경 산업 육성, 탄소세 및 배출권 거래제 도입, 녹색 일자리 창출 등이다. 재생에너지 개발은 석탄과 석유 등 탄소 중심의 에너지에서 벗어나 태양광, 풍력, 수력, 바이오에너지 등 청정에너지 확대를 추진한다. 친환경 산업 육성을 통해서는 전기차, 수소차, 스마트 그리드, 고효율 전자기기 등 녹색 기술 기반의 산업을 국가 성장 동력으로 전환하고자 한다.

탄소 배출에 경제적 책임을 부여해 시장 메커니즘을 통한 자발적 감축 유도를 촉진하고, 에너지 전환 및 친환경 산업 기반 확충을 통해 새로운 직업을 창출하고 고용 안정에도 기여한다. 이는 기후 위기 시대의 새로운 성장 모델이자 경제 구조 전환 전략으로 작용하고 있다.

최근에는 '탄소중립'이라는 개념이 국제사회 전반에 걸쳐 핵심 의제로 부상하고 있다. 탄소중립은 배출량을 줄이는 데 그치지 않고 배출되는 탄소의 양과 흡수되거나 제거되는 탄소의 양을 같게 만들어 실질적인 순 배출량을 '제로'로 만드는 것을 의미한다. 이

탄소중립

ⓒ엘리트비즈니스

를 실현하기 위해 다양한 기술적·정책적 접근이 요구된다.

우선 화석연료를 대체할 수 있는 태양광, 풍력, 수소 에너지 등 신재생에너지 확대가 필수적이다. 건물이나 공장, 차량 등 에너지 소비를 줄이고, 낭비를 최소화하는 고효율 기술이 필요하다. 대기 중 탄소를 직접 포집하거나 산업 공정 중 발생하는 탄소를 분리해 저장이나 활용하는 기술도 필요하다.

이와 더불어 삼림 복원, 해양 생태계 복원, 도시 녹화 등 자연의 탄소 흡수 기능을 활용한 전략도 병행한다. 우리나라는 2050년까지 탄소중립을 달성하겠고 선언했다. 이를 위해 '국가 탄소중립 녹색성장 기본법'을 제정하고 탄소중립위원회를 설립했으며, 한국형 배출권 거래제를 고도화하는 등 다양한 노력을 이어가고 있다.

국가전략과 제도만큼 중요한 것이 있다. 바로 시민의 자발적 참여와 일상에서의 실천이다. 우리나라에서 의미 있는 사례로 평가받는 것이 '예스맨 프로젝트(The Yes Man Project)'다. 원래는 개인 변화 중심의 자기계발 프로젝트였지만 탄소중립이라는 글로벌 이슈와 결합해서 실천형 환경 프로젝트로 확장했다. 2019년에 환경부와 민간 단체가 공동 기획한 기후 위기 대응 시민 참여 캠페인으로 확산했다. '작은 실천이 지구를 바꾼다'는 철학 아래 시민들이 일상에서 탄소 배출을 줄이는 실천 과제를 수행하고 이를 공유하는 방식으로 운영되었다.

일상에서 탄소 배출을 줄이기 위한 실천으로는 일회용품 사용 줄이기, 대중교통 및 자전거 이용 생활화, 채식 식단 확대 및 식량 낭비 최소화, 에너지 절약, 친환경 소비 실천 등이 있다. 참여자들은 실천 내용을 SNS와 온라인 플랫폼에 인증하고 서로 응원하며 행동을 독려했다. 이 과정에서 기후 위기를 '정부 정책의 영역'에서 '시민의 삶의 영역'으로 확장하는 계기가 되었다.

예스맨 프로젝트는 모든 시민이 '기후 행동가가 될 수 있다'는 가능성을 보여주었다. 특히 청소년과 대학생 등 젊은 세대의 참여율이 높아 '기후 리터러시(Climate Literacy)' 교육의 효과도 함께 나타났다.

기후 리터러시는 기후 시스템과 기후 변화에 대한 과학적 이해, 사회적 영향 인식, 이에 대응하는 책임 있는 행동 역량을 갖춘 상태를 의미한다. 즉 개인이나 공동체가 기후 변화의 원인, 영향, 대응 방안을 바르게 이해하고, 이를 바탕으로 현명한 의사결정과 지속 가능한 실천을 할 수 있는 능력이다.

기후 위기라는 전 지구적 문제는 단일한 해법만으로 해결할 수 없다. 국가의 정책과 제도는 필수적이지만 그 효과를 극대화하기 위해서는 개별적인 시민의 참여와 인식 전환이 동반되어야 한다. 저탄소 녹색성장과 탄소중립은 구조적인 전환이며 예스맨 프로젝트는 이와 같은 구조 전환에 일상적 실천을 더한 사례다.

정부와 기업의 전략이 구조를 바꾸는 역할을 한다면 시민의 행동은 그 구조를 지속 가능하게 만든다. 그러므로 기후 위기를 극복하는 열쇠는 정책과 참여가 균형 있게 연결될 때 비로소 제대로 작동할 수 있다.

7장

탄소,
우주를 향한 열쇠

우주 시대의 설계자, 탄소

오늘날 인류는 지구라는 한정된 경계를 넘어 광범위한 우주로 나아가는 전환의 시대를 맞이하고 있다. 위성, 우주정거장, 탐사선, 로켓 등 각종 우주기술이 고도화되면서 그 기반을 이루는 소재 과학(Material Science)은 과거 어느 때보다도 중요해졌다. 기술의 진보는 장비의 정밀성에서만 나오는 것이 아니라 그 장비를 구성하는 재료의 특성에 따라 결정되기 때문이다.

첨단 기술 시대에 우리에게 가장 친숙하면서도 동시에 생명을 이루는 기본 성분이자 미래 우주기술의 열쇠가 된 원소가 있다. 그것이 바로 탄소다. 탄소는 생체 조직, 지구 대기, 화석연료, 심지어 다이아몬드에 이르기까지 매우 다양한 형태로 존재한다. 그리고 지금, 탄소는 인간이 우주를 탐사하는 데 반드시 필요한 고성능 소재로 주목받고 있다.

탄소가 기술 재료로서 처음 역사에 등장한 시점은 미국의 발명가 토머스 에디슨(Thomas Edison)이 19세기 말에 개발한 전구에서 찾을 수 있다. 당시 백열전구 개발의 가장 큰 난관은 고온에서도 버틸 수 있는 필라멘트를 찾는 일이었다. 에디슨은 수백 가지 실험 끝에 탄소를 원료로 만든 필라멘트가 열에 가장 안정적이라는 사실을 발견했고, 덕분에 전구 상용화에 성공할 수 있었다. 이와 같은 경험은 탄소가 고온에 견디는 성질을 지녔다는 강력한 증거로 자리 잡았으며 그로부터 100여 년이 지난 지금, 탄소는 전혀 새로운 차원의 응용으로 도약하고 있다.

21세기 이후 탄소는 더 이상 원소 그 자체로만 사용되지 않는다. 나노 수준에서의 제어와 복합재료 기술의 발전을 통해 탄소는 '탄소섬유(Carbon Fiber)'라는 고성능 구조물로 재탄생했다.

탄소섬유는 고강도, 고탄성, 내열성, 경량성, 전도성 등의 특성을 갖추어 금속을 대체할 수 있는 비금속 소재로 각광받고 있다. 탄소섬유는 강철보다 5배 이상 강하지만 무게는 1/4에 불과하다. 녹는점이 없어 3천 ℃ 이상의 극한 온도에서도 안정적인 구조를 유지하며 영하 수백 ℃의 극저온에서도 물성을 유지할 수 있다. 전

+++ 토머스 에디슨의 백열전구

도성이 우수해서 전자기파를 차단하고 열 분산에도 효과적이다.

탄소섬유는 항공우주 분야에서 금속을 대체하는 차세대 재료로 가장 널리 활용되고 있다. 특히 우주 공간에서는 진공 상태, 극심한 온도 차이, 고방사선 환경이 일상적이기 때문에 기존의 철이나 알루미늄, 티타늄 등의 금속 재료로는 한계가 있었다. 탄소섬유는 이 모든 조건을 만족시키며 우주선, 인공위성, 로켓 추진체, 우주복 내부 구조 등에서 핵심 부품 소재로 채택되고 있다.

미국 나사를 비롯해 미국 기업가 일론 머스크(Elon Musk)가 설립한 민간 우주 탐사 기업 스페이스X(SpaceX), 유럽우주국(ESA; European Space Agency) 등 세계 유수의 우주 개발 기관과 민간 우주 기업들이 탄소섬유 복합재 연구에 막대한 투자를 집중하는 이유도 바로 여기에 있다.

현재 스페이스X의 우주선 '드래곤(Dragon)'과 '스타십(Starship)'의 외피, 화성 탐사용 수송체의 주요 구조 역시 탄소섬유 복합체로 설계되고 있다.

탄소섬유가 '슈퍼섬유(Super Fiber)'로 불리는 이유는 무엇일까? 가볍고 강하기 때문만은 아니다. 분자 구조 자체가 우주 탐사에 최적화된 특성을 갖추고 있기 때문이다.

탄소섬유는 수많은 탄소 원자가 육각형 벌집 모양으로 결합된 구조로 여러 층으로 이어진 형태를 가진다. 이와 같은 구조는 늘어나는 힘인 인장력에 매우 강하고 외부 충격을 흡수하고 분산시키는 능력이 탁월하다. 높은 유연성과 복원력을 동시에 가져 로켓 발사시에 발생하는 엄청난 진동과 충격에도 변형되지 않는다.

게다가 탄소섬유는 산화 방지, 자기장 영향 최소화, 전자기파 차폐 기능도 있어서 우주선 내부의 정밀 전자장치나 통신 장비의 안전성을 확보하는 데 유리하다. 일반적으로 금속 재료는 전자기 간섭에 취약한 경우가 많지만 탄소 복합 소재는 간섭을 흡수하거나 차단하는 특성이 있어서 전자장비가 밀집한 환경인 인공위성이나 우주정거장 등에 매우 적합하다.

우주 탐사에서 무게는 곧 비용이다. 로켓 발사체에 실리는 물체의 무게 1Kg당 비용은 수천만 원에 달한다. 중량이 줄어들수록 연료 소비는 이에 비례해 줄어들고 탐사 거리는 늘어나며 탑재할 수 있는 장비와 물자도 많아진다. 그러므로 가볍고 강한 재료는 우주 산업에서 경쟁력을 좌우하는 핵심 요소다. 탄소섬유는 이러한 조건을 완벽히 충족시킨다.

예를 들어 알루미늄으로 만든 위성 구조체를 탄소 복합 소재로 대체하면 무게는 30~40% 이상 감소하고 성능은 오히려 향상된다. 이는 더 먼 곳으로의 탐사, 더 많은 데이터의 수집, 더 정밀한 미션 수행을 가능하게 한다. 따라서 세계 각국은 탄소 기반 첨단 소재의 생산, 가공, 재활용 기술에 대해 첨단 국방 기술 수준의 전략 자산으로 분류하고 있으며 독자 기술을 확보하기 위해 경쟁하고 있다.

에디슨이 백열전구에 탄소 필라멘트를 사용한 것은 전기 기술 혁명의 상징이었다. 그리고 그로부터 150여 년이 지난 지금, 탄소는 우주 과학과 인간의 미래를 개척하는 데 없어서는 안 될 슈퍼 소재가 되었다. 고온과 저온, 진공과 방사선 속에서도 변하지 않는 특성, 탁월한 구조 안정성과 경량성, 전자기파에 대한 저항력과 높은 적응성으로 인해 탄소는 지금도 새로운 가능성을 열고 있다.

우주 시대의 문을 열고 있는 오늘날, 우리가 눈여겨보아야 할 것은 단지 로켓의 추진력이 아니다. 로켓을 구성하고 지탱하며 우주라는 극한 환경을 견디게 해주는 '재료의 과학'이며 그 중심에는 탄소가 있다.

우주 시대 생명의
연결 고리

탄소는 인류에게 가장 익숙하면서도 여전히 경이로운 원소다. 우리를 숨 쉬게 하는 공기, 마시는 물, 먹는 음식, 우리의 몸과 뇌까지 모든 생명체를 이루는 기본 뼈대다. 탄소의 의미는 생물학적 차원에 그치지 않는다. 이제 우주 탐사, 외계 생명체 탐색, 그리고 우주의 기원을 밝히는 핵심 열쇠로 부상하고 있다.

21세기의 과학은 탄소를 생명의 출발점이자 우주 물질의 핵심 구성 성분으로 인식하고 있다. 특히 천문학, 화학, 생물학이 융합된 새로운 학문인 우주생물학(Astrobiology)은 탄소의 구조적·화학적 특성에 주목하면서 생명이 어디에서, 어떻게, 무엇으로부터 시작되었는지를 추적하고 있다.

탄소는 4개의 공유결합을 형성할 수 있는 독특한 원자 구조를 가진다. 덕분에 탄소는 단순한 직선 분자에서부터 복잡한 고리 구조, 나선형, 격자 구조에 이르기까지 매우 다양한 유기화합물을 생성할 수 있다. 그 결과, 생명체가 필요로 하는 복잡한 단백질, DNA, 지방산, 탄수화물 등 모든 생체고분자의 기반이 되며 지구 생명의 본질을 이해하는 데 결정적인 열쇠가 된다.

그렇다면 탄소는 어떻게 해서 지구에 존재하게 되었을까? 생명체에 필요한 유기물이 지구의 독립적인 환경에서 생성되었을까? 아니면 우주의 다른 공간에서 기원해 지구로 운반된 것일까? 오늘날 과학자들은 지구 생명의 기원을 밝히기 위해 태양계의 형성 이전, 우주의 초기 구조로 거슬러 올라가는 연구를 진행 중이다.

지구는 약 45억 년 전, 원시 태양계의 잔해물로부터 형성된 원시 행성계 원반에서 탄생했다. 원반은 먼지, 얼음, 암석, 금속, 그리고 유기물질이 혼합된 고온·고압의 회전 원반 형태로 존재했다. 원반 속 물질들은 수천만 년에 걸쳐 충돌과 결합을 반복하며 태양과 그 주위를 도는 행성들을 형성했다. 이 과정에서 탄소를 포함한 다양한 유기화합물이 형성되고 일부는 지구에 유입되어 생명의 재료가 되었을 가능성이 높다.

특히 혜성, 소행성, 미세 운석 등이 지구에 충돌하면서 아미노산, 당, 핵산 염기 등의 기본 유기 분자를 가져왔다는 가설은 지금도 활발히 연구되고 있다. 즉 지구는 탄소를 포함한 유기화학적 구성 물질을 자연스럽게 내포한 채로 형성되었으며 이후 적절한 온도, 액체, 물, 대기 조건 등 생명에 우호적인 환경이 조성되면서 복잡한 생명체가 진화한 것이다.

이를 뒷받침하는 가장 결정적인 관측 사례 중 하나가 최근에 발견되었다. 2023년에 유럽남방천문대(ESO; European Southern Observatory)의 연구팀은 지구로부터 약 444광년 떨어진 오피우쿠스자리(Ophiuchus) 방향의 '아기별' IRS 48의 주변에서 탄소 기반의 유기 분자 '디메틸에테르(CH_3OCH_3)'를 발견했다고 발표했다.

이 별은 아직 생성 초기 단계에 있는데, 주위를 둘러싼 원시 행성계 원반에서 복잡한 화학반응이 활발하게 일어나고 있다. 디메틸에테르는 지구의 생명체 환경에서도 발견되는 대표적인 유기화합물이다. 탄소, 수소, 산소로 구성되어 있으며 향수나 식품 향료의 원료로도 사용된다. 중요한 점은 이 유기 분자가 자연 상태의 별 주변 환경에서 형성되었다는 직접적인 증거라는 것이다.

과학자에 따르면 별에서 방출되는 고에너지 복사열이 주변 일산화탄소 얼음을 승화시킨다. 승화된 일산화탄소는 수소, 산소, 탄소 원자와 반응해 간단한 알코올, 에테르 분자로 진화한다. 이 과

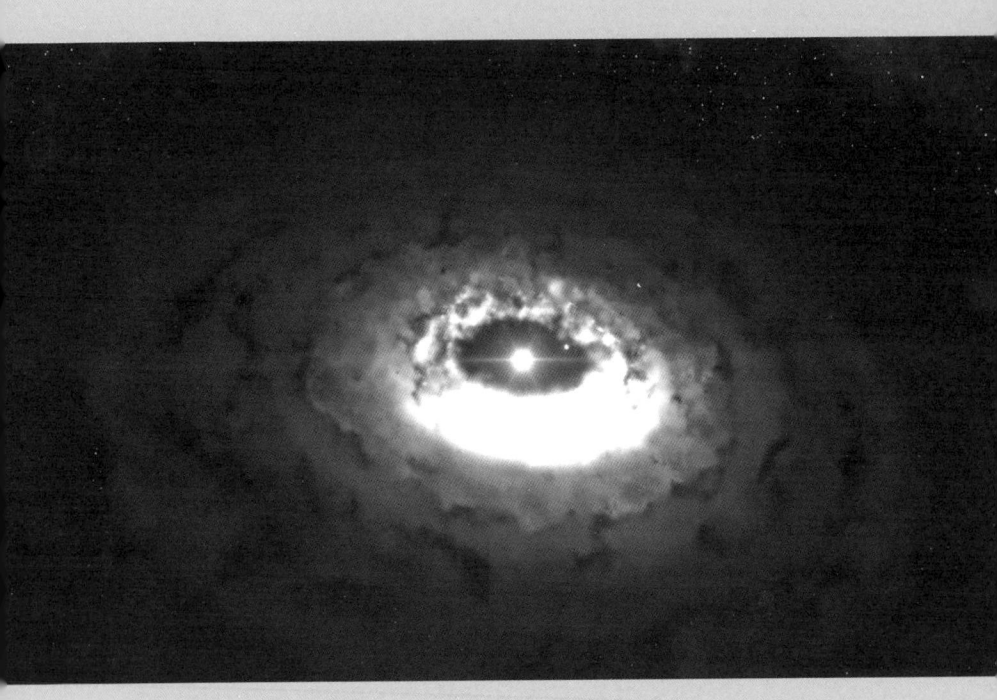

+++ IRS 48

정에서 디메틸에테르 같은 복잡한 유기 분자도 자연적으로 형성된다. 이는 곧 생명체를 이루는 유기화합물이 지구가 아닌 다른 별 주위에서도 자연적으로 생성될 수 있음을 의미한다.

IRS 48은 인류가 지금까지 외계에서 발견한 유기물 중에서 가장 복잡한 구조를 가진, 탄소 기반 분자를 품고 있는 별로 기록되었다. 그리고 외계 생명체의 가능성을 한층 더 현실적인 주제로 끌어올린 사례가 되었다.

이와 같은 발견은 특정 유기 분자의 존재를 의미하는 것이 아니다. 그것은 '지구 유사 환경'이 우주 곳곳에서 형성될 수 있음을 암시하며 골디락스 행성(Goldilocks Planet) 개념과도 밀접하게 연결된다. 골디락스 행성이란 별과의 거리가 너무 가깝지도, 멀지도 않아 표면에 물이 액체 상태로 존재할 수 있는 온도를 유지하는 행성을 의미한다. 이는 생명체가 생존하고 진화할 수 있는 '딱 좋은 조건(Just Right)'을 갖춘 행성으로, 과학자들은 이를 생명체 탐색의 핵심 지표로 삼고 있다.

탄소 기반 유기물이 IRS 48 같은 원시 행성계에서 자연적으로 형성된다면 이러한 유기물들이 골디락스 조건을 갖춘 행성에 축적되고 그곳에서 생화학적 진화를 겪으며 생명으로 진화할 가능성은 상당히 높아진다. 즉 탄소는 생명이 우주적으로 퍼져나가는 데 필요한 공통 기반이다. 이를 통해 우주의 다른 곳에서도 우리와 유사한 형태의 생명체가 존재할 수 있다는 합리적 추론이 가능해진다.

탄소는 화학적으로, 생물학적으로, 천문학적으로도 생명을 구성하는 핵심 요소다. 수소와 산소가 단순한 무기물 구조로 머물 가능성이 높은 반면, 탄소는 4개의 공유결합이라는 독특한 결합 구조를 통해 복잡하고 다양하며 안정적인 유기 구조를 생성할 수 있다.

그 결과, 탄소는 단백질, 핵산, 세포막을 구성하는 분자들뿐 아니라 정보를 저장하고 대사 과정을 제어하는 시스템 전체를 구성하는 데 필수적인 분자로 자리 잡고 있다. 이와 같은 유연성과 다양성 때문에 생명체가 탄소를 중심으로 진화할 수밖에 없었다는 이론은 오늘날 우주생물학계에서 널리 받아들여지고 있다.

탄소는 지구에만 국한되지 않는다. 우주 전체에서 가장 풍부하고 반응성이 높으며, 복합 구조 형성이 가능한 원소다. 지금도 탄소는 별의 내부, 우주먼지, 원시 행성계 원반, 운석 속에서 새로운 유기화합물로 끊임없이 조합되고 있다. 이런 점에서 탄소는 우주의 언어, 생명의 언어, 그리고 존재의 언어다.

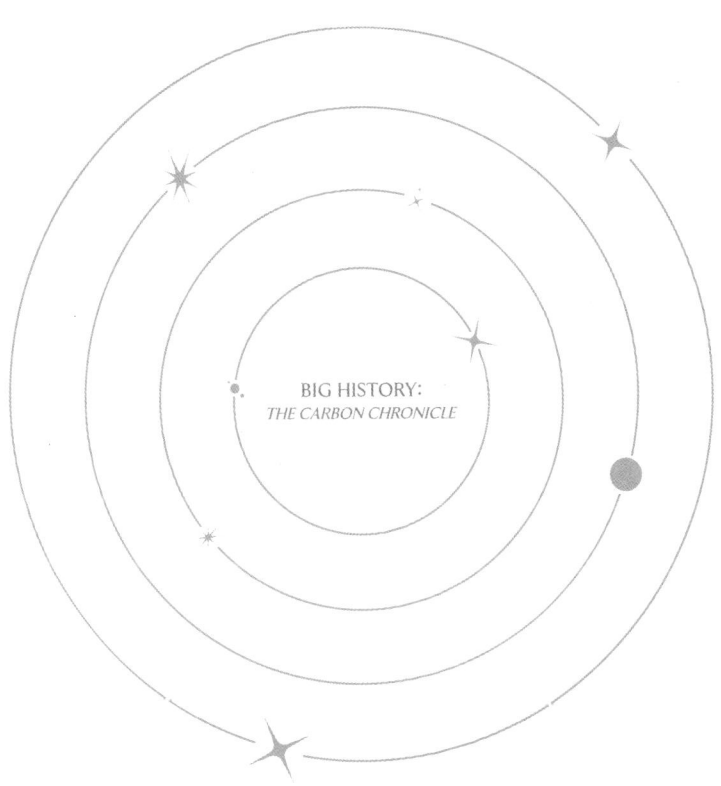

BIG HISTORY:
THE CARBON CHRONICLE

나가며

별의 먼지에서 인류 문명으로, 탄소의 순환

우리는 결국 별의 먼지(Stardust)로부터 왔다. 이 문장은 시적인 은유처럼 들릴 수 있지만 과학적 진실이다. 우리 몸을 이루고 있는 원소들, 특히 생명에 필수적인 탄소는 우주 초기에는 존재하지 않았던 원소다. 그것은 시간이 흐르고 별이 태어나고 죽는 과정에서 만들어졌다. 거대한 항성의 중심에서 탄생한 탄소는 별의 죽음과 함께 우주 공간으로 퍼져나갔다. 특히 백색왜성의 붕괴와 초신성 폭발이라는 격렬한 순간에 방출된 탄소는 성간 먼지로 존재하다가 다시 중력에 의해 응축되어 행성과 위성을 이루었고, 결국 지구라는 생명의 행성을 탄생시켰다.

탄소는 이제 인간이라는 존재의 몸속에, 숨결 속에, 언어 속에 살아 있다. 우리는 말 그대로 별의 잔해에서 탄생한 존재다. 우리가 내뱉는 숨과 손에 쥔 연필, 심지어 우리가 남기는 디지털 흔적 속에도 탄소가 깃들어 있다. 이 책은 그 탄소의 여정을 따라가며 우주의 역사, 생명의 기원, 인간 문명의 발전과 전환의 순간들을 하나의 서사로 엮는 시도였다.

탄소는 생물학적 존재를 구성하는 분자 구조의 기초일 뿐만 아니라 인류 문명의 연료이자 동력이었다. 우리는 나무를 태우고 석탄을 캐고 석유를 뽑아 올리며 탄소를 끊임없이 소비했다. 그 과정은 에너지의 혁명을 불러왔고 증기기관에서 전기차에 이르기까지 인간의 삶을 편리하고 풍요롭게 만들었다.

그러나 편리함의 대가로 우리는 지구 생태계의 균형을 무너뜨리는 결과를 초래했다. 기후 변화, 해수면 상승, 생물종 멸종이라는 위기의 본질은 결국 우리가 선택한 탄소 사용 방식에 달려 있었다. 그렇다고 해서 이 책에서 말하고자 하는 바가 위기 경고에만 머무는 것은 아니다. 오히려 필자가 전하려는 메시지는 더 깊고 더 넓다.

탄소는 순환하는 원소다. 그것은 멈추지 않고 흐르며 자연 안에서 다시 자기 자리를 찾는다. 인간 또한 그 순환 안에 있다. 자연과 문명, 생명과 에너지, 기술과 윤리. 이 모든 요소는 분리된 것이 아니라 탄소라는 매개를 통해 긴밀히 연결되어 있다.

이와 같은 상호 연결성은 오늘날 우리가 마주하는 문제들을 새롭게 바라보게 한다. 탄소중립이라는 정책적 언어도 중요하지만 그 이전에 우리는 철학적 감각의 회복이 필요하다. 우리는 자연으로부터 분리된 존재가 아니라 자연의 일부로서 존재하는 자율적 생명체다. 별이 진화의 결과로 탄소를 남겼듯 인간도 자신의 진화를 통해 새로운 미래의 방향을 설계할 수 있어야 한다.

'탄소로 세상을 본다'라는 것은 단지 하나의 원소를 중심에 두고 사고한다는 뜻이 아니다. 그것은 우리가 살고 있는 세계를 더 정교하고 더 깊게 이해하려는 태도이며 과거와 미래, 자연과 인간, 과학과 철학을 하나의 시선으로 연결하려는 인식의 도전이다. 별의 죽음에서 생겨난 탄소가 결국 인간을 만들어냈고 그 인간이 다시 별을 향해 질문을 던지고 있는 지금, 우리는 존재의 근원에 대해 다시 사유할 때다.

이 책의 마지막 장을 덮는 지금, 독자 여러분은 어떤 생각을 하고 있을까? 탄소는 여전히 일상적인 과학 용어에 불과한가, 아니면 자연과 나, 그리고 우주의 근본적인 관계를 새롭게 바라보게 만든 계기가 되었는가? 이 책이 전하는 이야기가 삶 속에서 다시 울림이 되어 세상을 바라보는 시선의 지평을 넓히는 작은 출발점이 되기를 바란다.

우리는 별의 먼지였고 지금도 별의 일부이며 앞으로도 그 순환 속에 존재할 것이다. 그 사실을 잊지 않는다면 우리의 선택은 더 깊은 책임감과 가능성 위에 놓일 것이다. 그리고 그 중심에는 여전히 '탄소'라는 우주의 흔적이 살아 숨 쉬고 있을 것이다.

김서형

탄소와 인간, 그 오래된 동행

초판 1쇄 발행 2025년 12월 15일

지은이 | 김서형
펴낸곳 | 믹스커피
펴낸이 | 오운영
경영총괄 | 박종명
편집 | 김형욱 최윤정 이광민
디자인 | 윤지예 이영재
마케팅 | 문준영 박미애
디지털콘텐츠 | 안태정
등록번호 | 제2018-000146호(2018년 1월 23일)
주소 | 04091 서울시 마포구 토정로 222 한국출판콘텐츠센터 319호(신수동)
전화 | (02)719-7735   팩스 | (02)719-7736
이메일 | onobooks2018@naver.com   블로그 | blog.naver.com/onobooks2018

값 | 20,000원
ISBN 979-11-7043-700-0 03400

* 믹스커피는 원앤원북스의 인문·문학·자녀교육 브랜드입니다.
* 잘못된 책은 구입하신 곳에서 바꿔드립니다.
* 이 책은 저작권법에 따라 보호받는 저작물이므로 무단 전재와 무단 복제를 금지합니다.
* 원앤원북스는 독자 여러분의 소중한 아이디어와 원고 투고를 기다리고 있습니다.
  원고가 있으신 분은 onobooks2018@naver.com으로 간단한 기획의도와 개요, 연락처를 보내주세요.

BIG HISTORY:
THE CARBON CHRONICLE

BIG HISTORY:
THE CARBON CHRONICLE